北京印刷学院设计学研究生论文选集

主编 赵一飞 副主编 严晨

主审 王关义 杨虹

中国水利水电出版社

www.waterpub.com.cn

· 北京 ·

内 容 提 要

本书系北京印刷学院设计学研究生论文集，遴选了2014—2018年五届设计学研究生优秀论文，涉及绘画、新媒体艺术、平面设计、产品设计等多个专业领域，观点鲜明，研究深入，内容丰富，图文并茂，充分展现了设计学相关领域的发展状况、成果、经验和未来发展趋势。

本书可供设计学专业师生参考阅读。

图书在版编目（CIP）数据

北京印刷学院设计学研究生论文选集 / 赵一飞主编
. -- 北京：中国水利水电出版社，2020.11
ISBN 978-7-5170-8989-6

Ⅰ. ①北… Ⅱ. ①赵… Ⅲ. ①设计学－文集 Ⅳ.
① TB21-53

中国版本图书馆CIP数据核字（2020）第207306号

书　名	北京印刷学院设计学研究生论文选集 BEIJING YINSHUA XUEYUAN SHEJIXUE YANJIUSHENG LUNWEN XUANJI
作　者	主编　赵一飞　副主编　严晨 主审　王关义　杨虹
出版发行	中国水利水电出版社 （北京市海淀区玉渊潭南路1号D座　100038） 网址：www.waterpub.com.cn E-mail：sales@waterpub.com.cn 电话：（010）68367658（营销中心）
经　售	北京科水图书销售中心（零售） 电话：（010）88383994、63202643、68545874 全国各地新华书店和相关出版物销售网点
排　版	央美艺境（北京）文化艺术发展有限公司
印　刷	清淞永业（天津）印刷有限公司
规　格	210mm×285mm　16开本　8印张　243千字
版　次	2020年11月第1版　2020年11月第1次印刷
定　价	68.00元

序

北京印刷学院隶属于北京市，是由国家新闻出版署和北京市人民政府共建的全日制普通高等院校。学校的前身是1958年文化部建立的文化学院印刷工艺系，1961年文化学院撤销，印刷工艺系并入中央工艺美术学院（现清华大学美术学院）。1978年，经国务院批准，在印刷工艺系的基础上组建成立北京印刷学院。

北京印刷学院是我国较早在印刷、出版领域开展研究生教育的高校之一。经过60年的发展建设，目前学校已经成为学科特色鲜明、师资力量雄厚、科学研究创新、办学格局开阔的传媒类大学。学校坚持特色发展提升核心竞争力，初步形成了传媒科技、传媒文化、传媒艺术、传媒管理四大特色学科专业群。

2019年适逢北京印刷学院校庆60周年之际，这部论文集无疑具有历史开创意义和里程碑的作用。它不仅展示了我校办学60年教学科研的丰硕成果，以及设计学学科10余年的教育教学成绩，更填补了我校研究生教育工作的一项空白，也为校庆大典献上了一道风味独特的文化大餐。

北京印刷学院设计学学科于2002年取得硕士学位授权资格，并于 2003年开始招收硕士研究生，2010年5月被批准成为北京市重点建设学科，是我校四个北京市重点建设学科之一。

设计学学科主要瞄准新媒体艺术、动漫、印刷、出版等文化创意产业，为北京的“四个中心”建设、北京文化创意产业、新媒体艺术产业以及绿色印刷包装产业等相关领域培养高素质人才。目前设有新媒体设计艺术研究与应用、印刷设计艺术研究与应用、设计艺术理论研究三个研究方向，现有教授6人，副教授13人，具有和正在攻读博士学位的教师5人。主要依托数字艺术与创新设计（国家级）实验教学示范中心、数字媒体艺术北京市重点实验室、北京绿色印刷包装产业技术研究院、数字出版与传媒研究院、美学研究所等机构开展教学、科研工作，并取得了一定的成果。

近年来，学院相继出版了《多媒体数字艺术》《中国当代美学》《构想设计》等多部学术专著；多媒体设计作品《中国皮影戏》《盛世钟韵》分别荣获第九届、第十四届国际莫比斯多媒体光盘大奖赛大奖；52集科幻动画片《神脑聪仔》荣获中宣部“五个一工程奖”；多部书籍设计作品荣获“第五届全国书籍装帧艺术展”金奖、银奖和“全国首届平面设计大赛”一等奖，以及联合国教科文组织颁发的图书特别奖、“2006中国创新设计红星奖”等。

《北京印刷学院设计学研究生论文选集》遴选收录了2014—2018年近五届设计学研究生优秀论文，它既总结回顾过去，又放眼于未来。真心希望各位研究生导师与研究生在学科建设和教学研究的过程中执著一种精神，坚守一种情怀，守望一方天地，为研究生的专业成长，也为学校的研究生教育水平的提升做出努力。

盖文章，经国之大业，不朽之盛事。古语有云，人生有“三不朽”——太上立德、其次立功、其次立言。其实人生在世，有“一立”便足以不朽。立言就是著书立说。而我们现在做的就是“立言”——以文章来阐释自己对所学、所研究领域的理解认识，以及自己的真知灼见。虽然这些文章未必就能不朽，但能够和师生们互相交流心得、取长补短、学习借鉴，也不失为一大赏心乐事。

当然，这些论文有些部分和内容显得还不是很成熟甚至还很稚嫩，但也不乏真知灼见，鸿篇大论不厌其详，点滴之语不争其陋。它凝聚了我校设计学师生们在学校学科建设和研究生教育方面不断探索、潜心研究的点滴心血，展示出我校学科建设和发展严谨求实、奋进创新的感人风采，也标志着我校研究生教育工作又向前迈进了一步。

当这本散发着油墨清香的论文集呈上师生们的案头，回顾和检视我们的学科建设、科学研究与教学实践的关系，无疑大家会有不少的启迪。翻阅论文集，一种真实、新鲜、生动、绚丽的感觉油然而生。鲜活的素材、生动的描述、鲜明的见解、真挚的情感，抒写着研究生们在本学科领域科学研究工作中的认真和执着，也凝结着导师们对教育事业和教育对象的无私大爱。在这里，我们既可以看到导师们厚重的经验积累，又可以看到研究生们上下求索的坚定信念。忽而是凝重的思考，忽而是若有所思的顿悟，忽而是蓦然回首的释然，艰难困苦、喜悦感动无不融注于一篇篇心血凝成的力作中。

在此，我谨代表学校及我个人对设计学全体研究生导师和研究生们表达最诚挚的敬意和感谢，并祝福他们今后在各自的研究领域中不断拼搏、再接再厉，取得更大的成绩。

由于篇幅有限，这本论文集没有收纳全部研究生的论文，但它汇聚了全体设计学的导师们和研究生的研究成果、学术观点和思索心得。这些文字，立足本学科领域的前沿发展、扎根实际，势必能对我校今后在研究生教育的完善方面起到很好的借鉴作用，它也体现了今后我们学校在学科建设和研究生教育工作上的思路。

我们的导师和研究生，在教学科研实践中反思、在反思中实践，再实践、再反思，在反复的反思撞击中绽放出远见卓识，汇聚成思想的火花。这才是真正的财富——有想法就有探索，有探索就有发展，有发展就有未来。

雅斯贝尔斯这样理解教育："教育的本质意味着：一棵树摇动另一棵树，一朵云推动另一朵云，一个灵魂唤醒另一个灵魂。"（《什么是教育》）。教育的根本任务是关注人的精神世界，教育的根本法则是像云朵推动云朵一样靠人的精神力量去影响他人的心灵，促进他人精神世界的健康成长。教育是民生，也是国计；教育是今天，更是明天。为民族培养什么样的人，显示的是教育的价值取向，是教育的根本问题。我们的所思所想所为，目的都是为社会为国家为民族培养人才，培养合格的乃至优秀的建设者。从这一角度出发，推动北京印刷学院全体1000多名研究生导师、全日制及在职研究生前行即是我们的工作重心，因此探讨培养志向高远、品德高尚、气质高雅、学术严谨、能力高强的一代新人也就成为学校重中之重的中心工作。

歌德说："理论是灰色的，生命之树常青。"在这本论文集编讫之时，希望全体教师和同学都能够认真研读，见贤思齐，吸纳经验，冰鉴教训，提炼出相应的对策与科学的方法，再回到教学研究中去；坚持与时俱进，把握好设计学教育教学的方向，让睿智充盈自己，让思想强大自己，让人格靓丽自己，让工作伟岸自己，始终走在本领域的前沿地段，创新研究生教育方式，提高教学科研水平，使我校的学科建设和研究生教育结出更加丰硕的成果，为全面提高研究生教育教学质量做出更大贡献。

积沙成塔，集腋成裘，集小流终成江海。这本论文集，正是记忆的整合、理念的碰撞、学术的争鸣、灵感的源泉。它确实凝聚了各位导师辛勤教育和指导，研究生们潜心研究的点滴心血，映现出我校人人求索、奋进、创新的风采，反映出学科建设良好的学术氛围，以及研究生教育良好的教风、学风。这些乐于思索、勇于实践、敢于质疑的师生们正是新时代学校和社会未来的发展脊梁，有他们在，相信未来一片光明。

杨虹

2019年5月

目 录

CONTENTS

序

二〇一四届

二〇一五届

二〇一六届

二〇一七届

二〇一八届

插图的写意性表现研究

作　者：李锦灿　　指导教师：田忠利

摘要　“写意”是中国绘画的艺术观，写意性是中国画的精髓之所在，对插图的写意性研究即是对中国画插图的研究。中国画插图是我国特有的插图类型，其写意性的表现是其他类型的插图所不能比拟的。近年来，尽管插图应用及表现形态变得越来越丰富，但中国画类型的插图比例却在降低，西方绘画插图、摄影插图、数码插图等其他艺术形式的插图充斥满目。如何在新的时期传承和发展具有民族特色的中国画插图是一个新的挑战。

本文结合笔者创作的写意性插图绘本《饰界·簪话》，赋予中国画插图更丰富的表现题材，展现插图绘本及衍生品的方向与定位，着力探索在现实背景下具备独立艺术性和较强实用性写意插图绘本创作的方法和途径。

插图在题材、应用、分类、技法、形式等方面呈现出多元化发展，为写意性插图表现形态和自我情感表达风格多样化提供了广阔空间和无限可能。立足服务人民群众物质精神文化生活需求，着力适应而不是盲从市场化、商品化要求，写意性插图会有一个空前的大发展。

关键词　插图　写意性　中国画

1　绪言

1.1　研究背景

中国画插图是我国特有的插图类型，而写意性正是中国画的精髓之所在，插图的写意性表现即是中国画插图写意性的表现。

我国的插图出现较早，历史悠久。“凡有书，必有图”“无图不成书”，伴随着印刷术的诞生，插图的历史几乎和书籍的历史一样久远。插图也是书籍的一个重要组成部分，不可或缺。时至今日，插图的表现题材变得越来越宽泛，形式语言也越来越丰富，插图的功能也不再局限于服务于文字。

在插图多元化发展的今天，插图的风格更加多变，视觉效果更为丰富，传播媒介更加多样化。在人们的视野中，插图以绘本形式出现得越来越多，插图的其他商业用途也越来越广泛。这些都为写意性插图的存在和发展提供了广阔的空间。

但是，伴随着电子技术的广泛应用，为了便捷与快速，进行手绘插图创作的人越来越少，国画类插图的比例更是有所减少。手绘插图更多地被电脑绘制插图、摄影类插图或其他表现形式的插图所替代，插图的功利性逐步增强，插图的写意性有所减少。因此，对中国画插图进行系统分析研究是很有必要的，特别是写意性插图的创作更是当下急需的。

新时期的插图发展一定要适应社会的变化，在变化中保持和发扬传统中国画插图的优良特性，如何在新时期创作出既符合市场需求同时又具备艺术性的写意性插图作品是一个新的挑战。

1.2　研究现状

通过检索中国知网文献数字资源库可知，2002—2013年这11年间，检索到以“文学插图”为主题的文章共108篇，分别为博士硕士论文29篇、期刊46篇、报纸16篇、会议7篇、年鉴10篇；以“中国插图”为主题的文章共147篇，分别为博士硕士论文31篇、期刊75篇、报纸16篇、会议7篇、年鉴17篇、评论1篇；以“中国画的写意性”为主题的文章共81篇，分别为硕士论文19篇、期刊32篇、报纸15篇、年鉴8篇、会议7篇。

目前，国内外对插图研究介绍的文献资料有很多，国内对于中国插图发展的研究资料也有很多，如刘辉煌的《中外插图艺术大观》、张守义的《中国当代书籍插图艺术》、祝重寿的《中国插图艺术史》等。这些著作从不同的角度对不同时期插图的发展进行了较为全面、深入的研究分析，为插图的学习、研究提供了一定的理论支撑和参考。关于插图方面的教材类书籍也是较为的丰富，这些教材为插图的认识和学习提供了丰富的资源。然而，对于国画类插图研究的资料仍有欠缺，从插图的写意性视角入手研究插图的论文、著作有待加强。

插图也称为插画，在文字中间起到解释说明文字内容的作用。写意是中国绘画的艺术观，写意性是中国画的精髓所在。插图的写意性表现研究就是对中国画插图的研究。首先要从中国画的写意性入手，进而研究中国画插图的表现与发展史。关于中国画研究的著作有很多，如徐书城的《中国绘画艺术史》、王伯敏的《中国绘画通史》、潘天寿的《中国绘画史》等，这些著作为中国画的研究提供了详细的资料和重要的理论依据。

1.3 研究的内容与方法

（1）文献分析法与内容分析法。搜索与插图、中国画研究相关的文献资料，通过阅读理解，进行统一的整理归纳，大致掌握资料中论述的主要内容，详细了解中国画插图的发展历史，重点分析中国画插图的特性以及每个时期较为著名的中国画插图作品的例证。

（2）调查研究法。对目前市场上插图绘本及相关衍生品的情况进行初步调查研究。了解目前插图发展的优劣势，分析插图未来的发展趋势。

（3）例证分析法。列举较具代表性的写意性插图作品，对作品进行详细分析概括，对其中的表现内容、表现手法及写意性的表现进行探究阐述。

（4）实践分析法。在理论支撑下进行写意性插图绘本的创作，同时对自己的创作作品进行分析梳理，通过自己的插图创作实践支撑本文的论点。

1.4 研究的目的与意义

探究国画类插图的历史与发展，分析总结插图写意性的定义、其涵盖的内容与分类。分析不同时期国画类插图的发展概况，对一些具有代表性的画家及插图作品进行分析解读。论述插图写意性的重要性及应用表现，并结合自己的创作实践，提出对国画类插图应用和存在价值的一些观点，从新的角度分析研究插图的内容及表现。同时，也希望为我国本土插图的研究提供一些理论素材。

分析目前插图绘本的发展市场与未来趋势，制定自己插图绘本的创作方向。通过反复、深入的实践，使用新的技法，选择不同以往的题材进行创作实践。创作出题材新颖的插图绘本，并完成其衍生品的制作与应用，从而丰富插图的概念和类型，同时也丰富了国画类插图的题材。

2 插图的写意性探究

2.1 关于插图及其应用

插图原指书籍报刊等文字间说明性的图画，用以更直接地补充说明文字的内容，增加文字的感染力。然而，随着社会的发展，多元性文化的融入结合，插图的定义和范围变得更加宽泛，不再局限于服务文字的功能，而呈现出多样性、综合性的特征。例如，插图绘本的表现特性，重点是以插图的形式来叙事，插图作为主体存在，通过插图作品的呈现来表现作者的思想、叙述故事的内容，文字则作为进一步解释说明的功能出现在绘本中，插图与文字是互相衬托、互相协调的关系。

插图还在题材、应用、分类、技法、形式等方面呈现出多元化的发展趋势。例如，在应用上，插图不再只是应用于书籍中，在生活中的方方面面插图的应用都有所体现，如在商业广告中的应用、电子杂志中的应用、游戏卡通中的应用等。又如，在插图的表现技法上，各种绘图软件的介入，改变了以往插图创作的模式，集绘画、雕塑、摄影、电脑制作于一体的综合性表现技法已被广泛应用。这些都为插图的进一步发展拓宽了道路。

插图如今已经成为多种艺术语言、多主题相互交叉的艺术形式。插画贯穿于设计和绘画之中，绘画赋予插图更完整的表现形态和自我情感风格的表达。设计赋予插图更丰富的表现手段与传播媒介。因此，好的插图既要具备独立的艺术性，同时又要具有很强的实用性。

尽管插图的风格形式变得越来越丰富，但中国画类型插图的比重却日益减少，远不如西方绘画插图、摄影插图、数码插图等其他艺术语言形式的插图在市场中所占的比重大。如何在新时期传承和发展具有特色的中国画插图成为一个新的挑战。

在市场经济把国际社会变成一个“地球村”的同时，商品化发展更加迅速，一切产品都需要符合市场的需求，插图的创作也需要符合（而不是迎合）市场需求，具备一定的商品化特性，但与此同时也不能失去插图自身的艺术性。

2.2 插图的写意性

“写意”是中国绘画的艺术观，写意性是中国画的精髓之所在。对插图的写意性研究即是对中国画插图的研究。中国画插图是我国特有的插图类型，其写意性的表现是其他类型的插图所不能比拟的。“中国画重意象，要求达意抒情。”作为插图形式出现的中国画也同样有写意精髓在其中，是一种更为丰富的情感表达，增强了插图艺术的感染力。历史上有许多画家创作出了大量流传于世的优秀插图作品。 例如，东晋时期的著名画家顾恺之所绘的《洛神赋图》（图1），既是根据曹植的《洛神赋》绘制的插图，其本身也是一幅完整的绘画艺术作品。

图 1 《洛神赋图》（顾恺之）

图 2 《女史箴图》（顾恺之）

中国画并不像西方绘画那样着重强调焦点透视，中国画采用的是散点透视，画者根据自己的需求，将不同角度观察到的物象甚至不同时空的物象同时组织在自己的画面中。如图1所示，画面中人物的安排疏密有序，层次分明。洛神和曹植的形象重复出现在画面中，通过洛神和曹植的姿态、神情的变化，人物背后山川景物描绘的不同，可以明显地看出时间和空间在画面中的变化，故事情节的连续发展。这也正是中国画写意性的体现。《洛神赋图》就是这样一种在一幅长卷画中描绘出了不同时空的重叠与交替，呈现出了一个完整的故事情节。从人物体态各异、表情变化，形象地描绘出了曹植和洛神之间的情感动态。无论从其画面中意境的营造、人物情感的表露还是笔墨的表现形式来看，《洛神赋图》在中国绘画史和插图史上都占有着不可或缺的地位。此外，顾恺之的另一作品《女史箴图》（图2），同样是根据西晋诗人张华的赋《女史箴》一文所创作的插图。除了具备插图的特性外，这幅画的本身更显露出创作者高超的绘画艺术造诣，同样也是中国绘画史和插图史上的一个经典之作。在清代，同样有许多画家创作出了大量的优秀插图作品。例如，陈洪绶创作的《九歌图》《水浒叶子》《西厢记》插图；改琦创作的《红楼梦》系列插图；潘振镛创作的《聊斋插图》《西施浣纱》《贵妃图》等。 古代所创作出的许许多多的插图作品，都不仅只是对文字的补充、解释、说明，同时也是具备独立艺术特性的绘画作品。

随着印刷术的发展，书籍插图的数量和质量都随之有了很大发展和提高。西方绘画艺术的传播，思想的解放与创新，近现代中国的插图艺术呈现出了崭新的面貌。在此期间同样涌现出一大批优秀的插图画家创作出了许多优秀作品。尤其是为文学书籍创作的插图。例如，根据鲁迅的文学作品，蒋兆和创作的阿Q形象的插图，丰子恺创作的《漫画阿Q正传》《绘画鲁迅小说》，叶浅予创作的《子夜》，关良创作的《三国演义》系列插图等，都堪称中国画插图史上的典范。

2.3 当代插图的写意性

我国本土的插图出现较早，历史悠久，在明清两代插图的发展达到了鼎盛时期；千百年来也一直都在不断地发展创新中。当代的插图风格更加多元化，视觉效果更加丰富，展示媒介更加多样化。

现在的插图为了便捷使用，越来越多地使用电脑绘制插图或摄影类插图。虽然摄影类插图表现更具有写实性、直观性，电脑绘制插图更便于保存复制。但相较于手绘插图，情感性有所减少，写意性有所减弱，在一定程度上削弱了对文学作品的氛围烘托，同样也弱化了插图自身的艺术性。

在当代快节奏、高效率、片段性记忆的时代背景下，虽然国画插图在市场中的比例有所减少、插图的写意性有所缺失，但仍不乏一批插画家坚守着国画插图的创作，还有不少优秀画家也参与其中，创作出大量的优秀插图作品。在为文学作品创作的插图中，包括：程十发创作的《孔乙己》《儒林外史》插图；刘继卣创作的《西游记》系列插图； 周京新创作的《水浒》组图；李少文创作的《西游记》12幅彩色插图等。市场上常见的杂志中，如《读者》《故事会》等书中也或多或少地配有国画类插图。还有像黄永玉的《沿着塞纳河到翡冷翠》一书，不仅文字是自己撰写，插图也是作者本人所绘。这种形式的插图能更贴切地传递文字内容，同时也大大增强了其艺术感染力。此外，以连环画、绘本形式出现的国画插图也有很多，如戴敦邦的《红楼梦》插图、王叔辉的《西厢记》插图等。这些优秀的插图作品都在中国插图史上留下了浓墨重彩的一笔。

如今，读图时代的到来，为插图的发展提供了更广阔的市场和空间。插图的商品化特性就决定了插图的创作表现一定要吸引读者，使读者产生共鸣。但与此同时，插图的创作并不能一味地追求标新立异、吸人眼球，插图的创作还应具备一定的艺术性。随着社会的发展，多种文化思潮的融入，人们的审美心理也不断发生着深刻的变化。艺术化的插图，在表现形式快速发展（特别是电子技术流程化制作）的同时，变得更加程式化，写意性插图的存在和发展也面临着严峻的挑战。目前，插图以绘本形式出现受到了很多人关注与喜爱，如大家耳熟能详的几米的《向左走向右走》《地下铁》，朱德庸的《醋溜族》《涩女郎》，徐翰的《阿狸梦之城堡》等。除了绘本本身受到大众追捧以外，同时其衍生品也广受好评。如大家所熟悉的"阿狸"系列（图3），就是根据徐翰的插图绘本《阿狸梦之城堡》中阿狸的形象发展出来的一系列衍生品。如市场上经常可以看到的阿狸抱枕、水杯、明信片、手机壳等，深受年轻消费者的喜爱。以衍生品的形式呈现在大众的视野中，一方面满足了大众的需求，有效地增加了受众群体，传播了插图作品形象；另一方面插图衍生品形成了一个新的产业，也增加了经济效益，是一种双赢的选择。

图3 "阿狸"系列衍生品

插图绘本的创作及发展其衍生品也成为插图一种新的发展趋势。国画插图的发展应当顺这种趋势，找准定位，结合市场需求，选择更为贴合大众生活的表现内容，创作出既适应市场又具备自身艺术性的写意性插图绘本。同时，注重其衍生品的形成与推广，使写意性插图得到大力宣传，被大众所熟悉，使写意性插图得以更好地传承与发展。

3　写意性插图的创作表现

3.1　写意性插图创作的选择题材分析

写意性插图的创作正是当下所需的，本人以此为出发点，开始着手进行写意性插图绘本的创作。首先考虑到的就是关于绘本中所要表现题材的选择，以往国画的表现题材中通常出现的都是山水、花鸟、人物等，如今各种风格的绘画艺术题材已经变得十分宽泛，同样也丰富了国画类插图题材的选择范畴，如何进行题材的创新是首先要面临的问题。

长期以来，本人都对中国古代女子的服装与配饰有着浓厚的兴趣，在众多首饰中最为吸引我的莫过于发簪，轻轻挽起的长发，发髻中看似不经意地插着一支或精美华贵、或简约小巧的发簪。在笔者看来，发簪是一种最具东方韵味的饰物，是女子美的一种体现，在许多壁画、仕女图中也都会看到女子插满花簪的形象。在我国古代，发簪是最重要的饰品之一，除了装饰作用外，女子插发簪也是长大成人的一种标志。发簪本身是一种具有独特形态美的传统饰物，通常的发簪是由金、银、珠玉、玛瑙、珊瑚、翡翠、宝石等材质制作而成。发簪的种类有扁方、扁簪、耳挖簪、对簪、步摇等。发簪不仅可以起到装饰发髻、搭配服装的作用，同样其制成的寓意吉言还有托物寄情，表达心声意愿的美好追求。发簪不仅是古代女子的特权，也是许多民族不可或缺的饰品，延续至今仍是为女子所喜爱的固定发型、装饰发髻的一个选择。

目前市面上能看到的表现发簪等首饰的形式多为摄影类图片、效果图、漫画等。这些图像也多是用作文字说明、样式设计展示等功能。描绘发簪的插图作品并不多见，在仕女图中或许会经常看到发簪的形象，但也并没有进行太多的细节描绘，只是起到辅助人物形象、点缀的作用。每次看到一幅华美的仕女图时，我总想更清晰地观察到人物头上发簪的具体形态及结构工艺，想要更多地感受到发簪的美。因此，本人想要创作出一本以发簪为主题物的插图绘本，呈现出一种温馨、自然、细腻、淡雅之美，以物寄情，通过发簪的描绘实现一种情感的表达和传递。

3.2　插图绘本创作过程分析

在快餐文化大肆泛滥的今天，一切都在追求速度和便捷。插图的创作也越来越多地倾向于选择电脑绘制或数码摄影，电脑软件的发达使得电脑绘制插图变得更加便捷、简单。同时，电脑绘制的插图具备便于保存、复制的优点。但是，手绘插图不同于电脑绘制的插图，手绘插图的线条更加自然、灵动，投入的情感更为真实、丰富，同时可以表现出电脑绘制达不到的艺术效果。国画插图所表现出的细腻及其丰富的笔墨层次感是电脑绘制所不能比拟的。

此次插图创作的第一构想是关于发簪的样式设计，许多画家、设计师的创作灵感都来自自然界中的万物。关于发簪图案的设计，首先考虑选择的就是花卉的形象，不仅是因为其外在的千姿百态，每种花卉更是有不同寓意在其中。在我国的传统思想中，有些花卉形象已作为特定的象征符号深入人心。如被人们称为“花中四君子”的梅兰竹菊便是很多画家所青睐的表现题材，画家以此标榜自己的君子品格，清高、高雅、脱俗的气质。在此次创作过程中同样也选择了菊花的形象（图4），菊花不仅具有绰约的外在姿态，更是被人们看作高洁情操、坚贞不屈的象征。《素遇》通过对称、重复排列的图形使得画面更为丰富饱满，同时具备很强的装饰性。发簪图案样式设计确定后开始考虑其材质与工艺，传统的发簪制造工艺有累丝、掐丝、錾花、镶嵌、点翠、烧蓝、炸珠等。这幅插图作品中发簪的工艺选择为珐琅彩。珐琅彩工艺的发簪色彩丰富，附着于发簪表面，使其色彩剔透淡雅，有一种既精致又随性的美感。

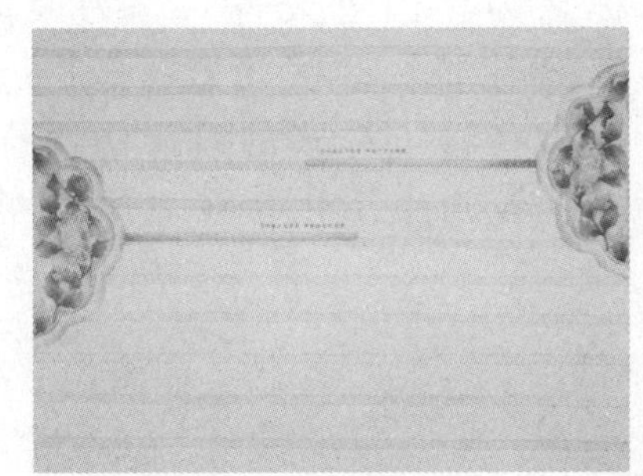

图4　创作作品《素遇》

在选择创作的发簪工艺中首先考虑到的就是点翠工艺，点翠工艺是一种中国传统特有的金银首饰制作工艺，是用翠鸟的羽毛制作的，细节之处都给人以独特华美的感觉。现如今翠鸟已是国家保护动物，点翠首饰所用的都是代替品，目前点翠饰品已逐渐淡出人们的视线。点翠的蓝是一种很高雅的颜色，与之相似的国画颜色中的石青色也是一种淡雅经久的颜色。寻找与这种工艺相契合的造型，首先浮现在脑海中的便是荷花形象（图5）。荷花的寓意象征着纯洁、清廉，同样荷花的花瓣饱满，形象圆润大气，是深受画家青睐的表现题材，也贴合了大众的审美取向。这支簪子的设计并不是只包含了荷花的形象，还分别出现了盛开的荷花、荷叶、花苞、莲蓬、蜜蜂的形象。这样众多的形象融入到一支发簪的样式中，增强了发簪图案的故事性、趣味性。画面中选择了团扇的物象，整体上丰富了构图，增强了作品的写意性。再者想到与点翠工艺相匹配的就是桃花的形态，桃花的生长形态常是聚集成簇的，纤巧且繁荣。桃花在人们心目中一直也是爱情的象征寓意。如图6所示，这支步摇中桃花的形象是三朵花组成一簇的样式，考虑工艺时预设为点翠与珊瑚珠的结合，石青色和朱膘色的用色搭配比例活泼跳跃，且不失安稳、淡雅的气质，步摇形态的跳跃与桃花的小巧精致相得益彰。

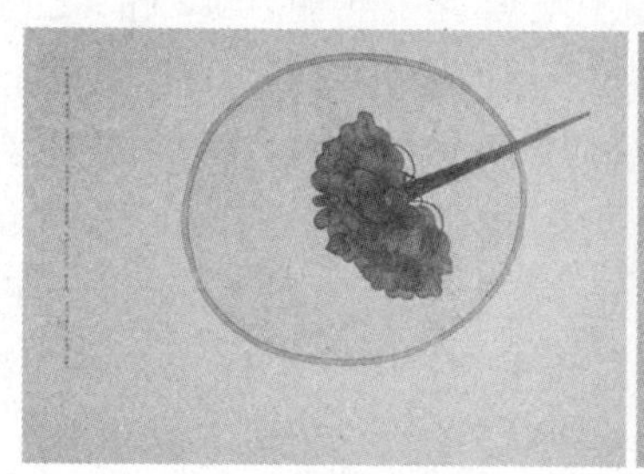

图5 《静候·素语》

图6 《小主》

人们经常把自己的美好意愿寄托于某种具体的事物上，比如鱼就深受人们的喜爱，除了大家经常所说的“年年有鱼”以外，在古代，鱼的纹样更是受到人们的推崇，也是寄托着人们盼望多子多孙的心愿。在此次的插图创作中鱼的形象也有加以应用（图7），这幅插图中簪子的类型是对簪，同时也是步摇。选用鱼的形象，构图上形成一种对游的错觉，与簪子相搭配的另有蕾丝纸的造型，构图上更加完整，意境的营造更加明了。同样，在这幅插图作品中表现的是传统饰物，传统形态和现代物象的结合。

图7 《素游》

中国传统观念中，被赋予美好寓意的事物还有很多。例如石被视为多子多福的象征；牡丹被称之为“国色天香”，为荣华富贵的代表；喜鹊被誉为好事临门的兆头等。在设计发簪的样式图案时加入这些元素（图8），能更好地体现中国独特的传统文化思想。除了运用一些传统元素外，在簪子样式的设计中同样也加入了一些少数民族元素和西方艺术元素在其中。图案的设计选择上较为生活化，像玫瑰、喇叭花、向日葵等形象也在插图作品的创作中有所表现（图9）。

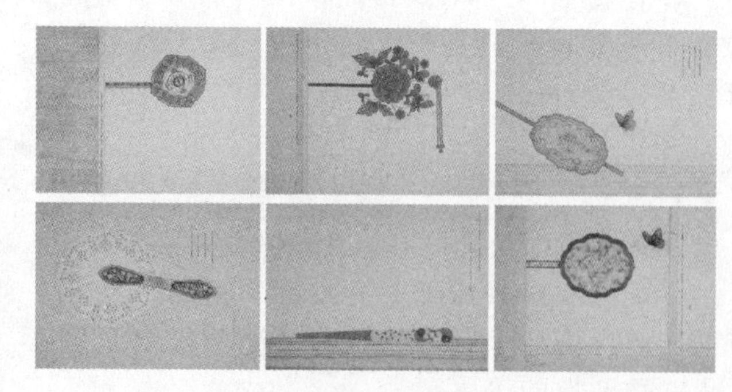

图8 创作作品（一）

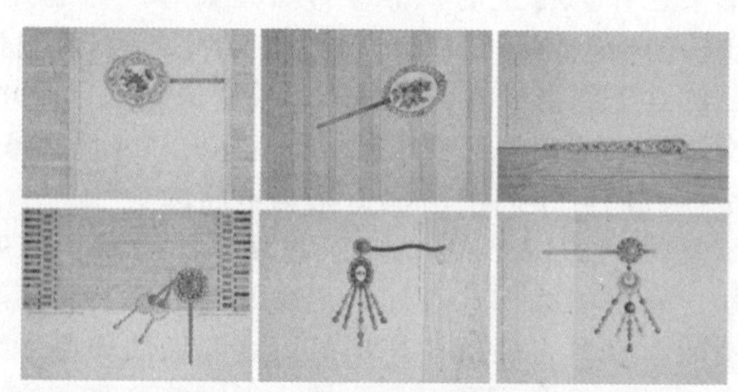

图9 创作作品（二）

除了对传统元素、民族元素、西方艺术元素的借鉴外，在发簪的设计中更多的是加入了个人的艺术风格理念，使得发簪的表现上更加独特，更为的系列化、青春化、现代化。在整体构图设计中更是用心经营，如何让作品呈现出高雅且别具一格的感觉曾是困扰我的一大难题。在此期间，我翻阅了大量的书籍，观看了许多绘画作品展，反复与老师和同学进行交流探讨，又经过了反复的试验，勾画草图，最终达到了自己较为满意的效果（图10）。在详细的刻画过程中，同样进行了反复琢磨、推敲，在更好地呈现画面意境的同时如实刻画出簪子的材质与工艺。

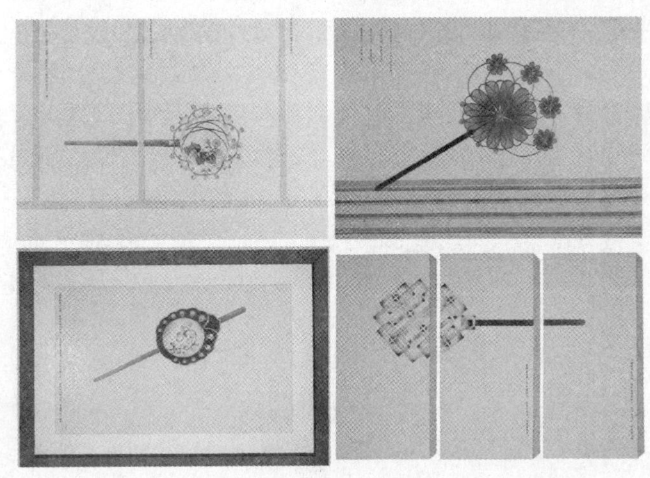

图 10　创作作品

3.3　写意性插图绘本及衍生品的表现

此次创作的插图绘本的题目为《饰界·簪话》，贴合绘本中的表现题材，共分为四章，分别是第一章《簪话·佳人》、第二章《簪话·相遇》、第三章《簪话·相思》、第四章《簪话·爱情》。“簪话”强调了以物寄情，插图画面中主体物的刻画，氛围的烘托也是一种情感的表达。四个章节中分别表现了不同的思想主题。如图11所示，插图绘本的尺寸为280mm×210mm，装订方式为锁线装，横开本。书籍的设计表现中并没有进行过多的装饰包装，整体呈现出一种简单、质朴的感觉。书籍的设计中留白较多，同中国画的构图表现一致，留白是为了留给读者更广阔的想象空间。书的整体风格干净简约，配合插图作品的内容，文字的表达，追求的是纯粹，“簪话”是一尘不染的情感。大多插图的创作、文字的创作和后期排版设计成书是由不同的人共同操作完成的。与之不同的是，《饰界·簪话》中插图的选择题材、创作表现、文字编排、后期绘本的排版设计都是作者独立操作完成的，整个过程一气呵成。插图绘本中渗透着强烈的个人风格，画面即情即景，插图内容既可以连贯成书，又可以单幅成为独立的绘画作品。

图 11　插图绘本

手绘插图要体现其独特性，其选材、表现手法及后期呈现效果都有所突破，从中国传统的题材出发，融入现代元素，传达出一种古今融合的思想。在今天人们普遍追求快速度、大数量、零空隙的时代背景下，或许我们需要放慢脚步去品味一下生活，享受一下悠然的心境。古代那种宁静恬美的生活气息，是我们当代人可望而不可及的，通过此插图绘本本人所想传达的就是这样一种安然洒脱的气息，让观者由此寻回一种淡然、恬静的情怀。

创作作品中除了有绘本的呈现外，还发展了其周边的衍生品，如书签、明信片、贴纸等（图12），形成了系列化商品，便于市场的推广应用。衍生品的形成充分利用了插图作品的价值，促进了艺术与市场的结合。以衍生品的方式呈现，赋予了插图作品一定的商品化特征，适应了市场的需求，同时也顺应了目前插图的发展趋势。以衍生品在市场中的流通，有效扩大了插图作品的受众范围，提高了作品的认知度。能有效地促进插图作品的再创作，这也是对写意性插图的一种更为直接有效的传播和推动方式。

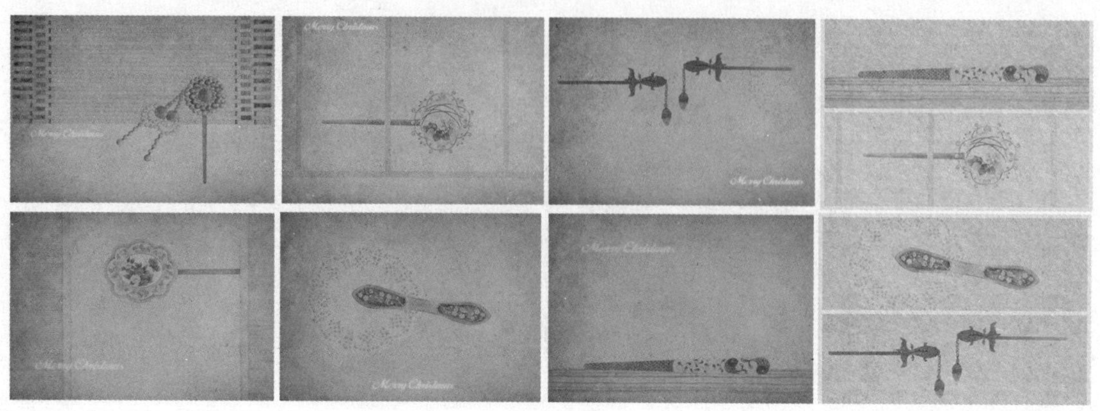

图12　系列衍生品

结语

在插图多元化发展的今天，插图的表现手法越来越多；题材变得更加丰富；插图的应用范围也越来越广，插图艺术已经以多种样式渗透到我们生活的每个角落。插图的发展也呈现出多向性、多风格、多手法，并且也向个性突出、求新立异的方向发展。这种趋势是符合艺术发展规律的。但在求新、求异和学习西方的同时不能抛弃我国的优良传统，如何发展插图的写意性是目前所面临的一大问题。

本文通过分析插图的写意性的定义，了解其独特性。对一些国画类插图作品进行梳理，分析中国画插图的写意性，探讨插图写意性的重要性及应用表现性。如今，越来越多的表现题材、技法融入到了国画中，进而也丰富了国画插图的内涵，拓宽了国画插图的表现领域。

目前插图以绘本形式出现得越来越多，其衍生品也具有广阔的市场和发展前景；此外其他商业用途的插图越来越广泛，这些都为写意性插图的存在和发展提供了广阔的空间。因此，插图的发展需要符合时代性，具有艺术性，我们应当在借鉴西画方法求创新的同时更要传承发扬中国特有的传统艺术风格，勇于探索和创新，把我国插图艺术推动到一个新的层面。

参考文献

[1] 潘天寿.中国绘画史 [M]. 北京：东方出版社，2012.

[2] 周积寅.中国画论辑要 [M]. 南京：江苏美术出版社，1985.

[3] 宗白华.中国美学史论集 [M]. 合肥：安徽教育出版社，2000.

[4] 王受之.美国插图史 [M]. 北京：中国青年出版社，2002.

[5] 祝重寿.中国插图艺术史话 [M]. 北京:清华大学出版社，2005.

[6] 张守义.中国当代书籍插图艺术 [M]. 长江文艺出版社，2000.

[7] 王伯敏.中国绘画通史 [M]. 上海：上海三联出版社，2000.

[8] 李泽厚.美的历程 [M]. 天津：天津社会科学院出版社,2004.
[9] 姜德明.插图拾翠：中国现代文学插图选 [M]. 北京：生活 · 读书 · 新知三联书店，2000.
[10] 徐小蛮, 王福康.中国古代插图史 [M]. 上海：上海古籍出版社，2008.
[11] 余凤高.插图的文化史 [M]. 北京:新星出版社 ,2005.
[12] 刘辉煌.中外插图艺术大观 [M]. 北京：中国文联出版社，1996.
[13] 周心慧.中国古籍插图精鉴[M]. 北京：中国青年出版社，2006.
[14] 夏井芸华.插图设计 [M]. 北京：人民美术出版社，2009.
[15] 汪家明.难忘的书与插图 [M]. 上海：复旦大学出版社，2011.
[16] 黑格尔. 美学 [M].朱光潜，译. 北京：商务印书馆，1997.
[17] 视觉设计研究所.插图创意设计手册 [M]. 北京：中国青年出版社，2004.
[18] 马克 · 韦根，插图艺术视觉词典 [M]. 刘珂，忻雁，译. 上海：上海人民美术出版社，2010.
[19] 赫伯特 · 里德，尼古斯 · 斯坦戈斯，范景中.艺术与艺术家词典 [M]. 刘礼宾，等译. 上海：上海三联书店，2010.
[20] 朱立元.艺术美学辞典 [M]. 上海：上海辞书出版社，2012.
[21] 冯其庸.中国艺术百科辞典 [M]. 北京：商务印书馆，2004.
[22] 朱立元.艺术美学辞典 [M]. 上海：上海辞书出版社，2012.
[23] 唐绪祥，王金华.中国传统首饰 [M]. 北京：中国轻工业出版社，2009.
[24] 迈克尔 · 帕里奇.西方当代手绘图案 [M].嵇小庭，李玉玲，译. 上海：上海人民美术出版社， 2010.

青花瓷艺术形式 在数字动画表现风格中的应用研究

作　者：赵思远　　　指导教师：高妍玫

摘要　本课题主要以中国传统的青花瓷艺术形式作为数字动画的表现风格，进而展开分析与研究。中国动画的风格种类繁多，在发展初期就有了剪纸、水墨、木偶动画等风格，并获得了巨大的成功；如今越来越多的动画人都在尝试如何走出一条中国特有的民族动画之路，以及尝试着为国产动画片在世界之林立足做出贡献，这期间也不乏一些优秀实验短片作品，但无论在技术上还是艺术上都处于摸索阶段。基于现状，本课题主要对数字动画的风格进行深入的挖掘，将中国传统的民族特色——青花瓷艺术形式融入动画创作中，从而使中国动画在科技化的时代拥有更显著的民族特色及韵味，同时立足于世界动画舞台。

首先，对青花瓷的色彩、纹饰、题材及应用范围进行分析研究。青花瓷以蓝白两色著名，色彩单一却不单调，其中有着似于中国画般的神韵，本课题所要领会的就是这蓝白之间的巧妙结合；青花瓷的纹饰题材包括人物、山水、植物、动物、诗句等，进而纹饰中还有更详细的分类，纵观历史的发展，青花瓷的纹饰从唐代发展至清代，都有着不同的变化，本课题主要了解各年代青花瓷的纹饰风格，以康熙年间纹饰风格为主要研究对象，挖掘创作笔法，从而运用到动画创作中。其次，基于中国传统水墨风格动画的创作理论，吸取其丰富的经验，运用于青花瓷艺术风格动画的创作中。再次，理论与实践相结合，借以康熙年间的纹饰绘画风格，以《伯牙绝弦》为动画创作题材，利用三维技术展现二维画面效果来制作，完成本课题的研究。

关键词　**青花瓷艺术　青花瓷纹饰风格　三维动画技术　水墨动画**

1　绪论

1.1　课题研究背景

“素釉天青何居奇,蓝白古韵沁人脾。”每当提起青花瓷，无不让人联想到她的淡雅、清新。精美绝伦的造型、简约高雅的色彩、丰富多彩的图案、源远流长的历史，构成了青花瓷艺术独特的韵味。

首先，青花瓷滥觞于唐代，发展于元、明、清，至今已有一千多年的历史。其中纹饰题材的种类繁多，但随着时代的变迁，其纹饰的风格、样式和绘画技巧也都随之变化，尽管如此，其纹饰内容题材也都与所处时代的社会生活密切相关，无不反映出人们对生活的思考与希望。青花瓷艺术发展至今，其纹饰元素已不再局限于装饰瓷器，而是广泛出现在了服装设计、室内装潢、工业造型等不同的领域中；甚至也有歌手以青花瓷为主题创作歌曲，另有众所周知的2008年奥运会颁奖礼仪服饰也为青花瓷风格。由此可知，青花瓷艺术早已成为最具有民族特色、最具代表性的中国文化，它总是以特别的方式代表中国展现于世界，可以说见青花瓷如见中国。

纵观历史，青花瓷艺术起源于中国，关于青花瓷的研究文献数量众多，古代有《窑器说》《陶说》《饮流斋说瓷》，现代则有《中国陶瓷史》《明代民间青花瓷画》《中国陶瓷绘画艺术史》等，国外对青花瓷艺术研究者也不乏其人，但对于研究青花瓷风格的动画作品和与之相关的文献资料却没有记载。

在动画创作中，无论是中国还是美、日等动画强国，都在不断尝试民族元素与动画艺术的结合，探求新的动画风格与表现形式，力求动画的民族特色与技术的完美结合。以富于独特魅力的民族元素，加以优良、娴熟的动画技术，生产出满足受众需求的动画影片，已经成为国内外动画行业的发展趋势。

目前我国的动画发展迅速，但较美、日两国相比还无法立足于世界。因此，笔者希望从动画风格入手，主要研究青花瓷艺术形式在动画风格中的运用，将这种具有浓郁的民族特色的青花瓷艺术形式与数字动画艺术相结合，为当下动画艺术开创一种新的表现形式，同时也使这种独具魅力的中国文化形式以一种全新的方式得以继承和传播，使得我国动画创作的精髓能代表中国走向世界。

1.2 课题研究目的

本课题旨在寻求新的动画风格，突出中国民族特色，经过本课题研究，能够为中国动画开辟新的道路。近年来，我国动画在制作技术上并不缺乏，三维技术手段已成为我们在制作过程中的首选，现在也有了三维水墨动画的研究与制作，这也为本课题的研究提供了参考和借鉴。

如何将青花瓷风格的动画艺术形式通过三维技术展现出来，使我国动画也能带着中国风走向世界，是本课题的主要研究目的。

1.3 课题研究的意义

1.3.1 本选题的研究对于拓展数字动画表现形式具有重要意义

青花瓷又称白地青花瓷，属于釉下彩瓷，是中国瓷器品种中举足轻重的一支，原始青花瓷在唐宋时期初见端倪，发展到元代渐趋成熟，明代青花成为瓷器的主流并在清康熙时达到顶峰。其中的图案纹饰丰富多彩，大致可分为人物、动物、植物与诗文，青花瓷的纹饰具有“自由化的力”“流动的节奏性”和“韵律美”。种类繁多且变化多端的青花瓷艺术为本选题提供了大量的参考和借鉴。

目前，中国动画大多模仿美、日等动画先进国家的制作风格，动画影片的形式也相对单一，缺乏自身的特色。中国动画的发展不仅需要扎实的技术功底，更需要画面风格和形式上的创新，本选题以中国传统的青花瓷艺术风格为基础，通过对动画形式的分析研究，运用现代数字动画制作手法，将青花瓷艺术风格融入动画创作中，从而产生出并赋予民族特色的动画表现形式新的解读，对于拓展数字动画的表现风格也有着十分重要的意义。

1.3.2 本选题的研究对于文化保护和传承具有重要意义

青花瓷有着十分悠久的历史和浓厚的民族韵味，青花也逐渐成为我国最具民族特色的装饰，其艺术形式与审美标准已经渗透到大众的生活点滴之中。然而现代社会对于这种艺术形式继承的手法更多只是简单地移植和复制，缺乏形式上的创新，如果能够将青花瓷艺术优美典雅的民族风韵以现代数字艺术手段表现出来，不仅给受众带来全新的艺术之美，更能让传统文化元素得以继承与发扬，所以对于文化保护也有着重要意义。

1.3.3 本选题的研究对于中国动画市场的发展具有重要意义

目前，中国动画无论从题材选取、动画制作还是整体风格上都无法与美、日等动画强国相比肩，究其根本在于，虽然我国的动画制作技术在近几年有了显著的提高，但是中国动画作品中民族元素的缺失和表现形式的单一，使得中国的动画片仍然难以突破现状而获得整体的飞跃，所以本选题从中国动画的现实出发，取材中国传统青花瓷艺术风格运用到数字动画创作中，只有依托博大精深的传统文化，吸收传统艺术的精髓，学习借鉴民族造型艺术，把丰富的创作素材植入动画创作中，才能生产出极具中国特色、表现民族文化特征、体现民族精神中最核心、最富深层内涵的优秀动画作品，这对于发展中国动画市场、推动中国动画回归国际舞台有着积极的意义。

1.4 课题研究的方法

本课题主要通过查考分析历史文献、归纳要点以及理论与实践相结合等方法进行研究。具体研究方法如下。

（1）查阅大量的文献资料，总结不同年代青花瓷纹饰图案的风格，并以清代康熙年间的青花瓷纹饰风格进行实践。

（2）借鉴中国传统写意画风格的艺术特点以及水墨风格的三维动画制作技术，研究其中的笔墨与意境等，融合青花瓷绘的装饰性、青与白的和谐关系，以数字动画技术来实现青花瓷艺术效果，把局限空间变为无限空间。

（3）实验作品以《伯牙绝弦》为故事背景，制作期间使用二维软件PS、三维软件Maya、后期合成软件AE、剪辑软件Premiere、Edius等完成，从而使青花瓷绘艺术通过在数字动画中的运用焕发出强大的艺术魅力，也使我国传统文化以新的形式得以发展延续。

2 青花瓷艺术表现形式的借鉴内容研究

2.1 青花瓷色彩研究

青花瓷发展至今，以蓝白之美著名，留给人们印象最深的就是白地青花，据文献记载，元代之所以选择呈色蓝艳的西域钴料，是因蒙古族与西域伊斯兰教对蓝、白两种颜色的崇尚，他们对于蓝、白两种颜色有着特殊的情感与定义，其中还有着“苍狼白鹿”的典故，苍狼便是指青色的狼，白鹿是指白色的鹿；从蒙古族的生活中，也可发现他们的羊群、牛奶以及他们的服饰等皆为白色。如今，青花瓷蓝白相间的美妙非同凡响，仅以两色之美便赢得了人们的喜爱，不知不觉从宁静中就爆发出一种不可替代的震撼力。

然而，随着青花瓷的发展已经衍生出很多种类，主要包括白釉青花、色釉青花、青花釉里红与青花五彩。它们也因其原材料的不同、烧制温度的差异、绘制方式不同等原因所呈现的色泽、色阶也不同，如图1至图4所示。

图1 白釉青花

图2 蓝釉青花

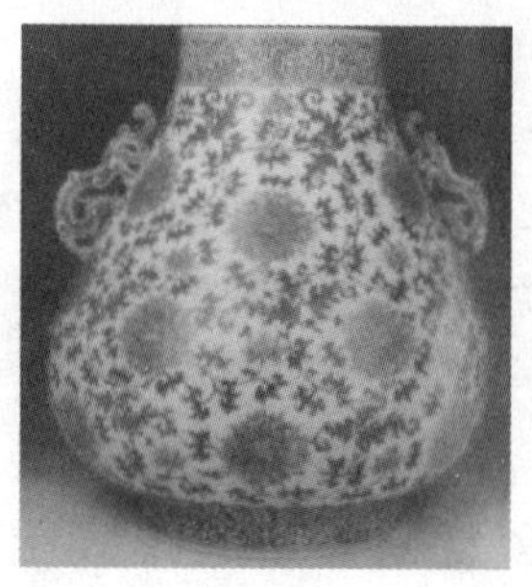
图3 青花釉里

图4 青花五彩

2.1.1 青花瓷色泽研究

青花瓷的色泽也与它所用的原料有关，如果选择进口料高铁低锰钴料，它的呈色则会明丽鲜亮，且青料的堆积处有黑色斑疤，如果选择国产料低铁高锰钴料，那么它的呈色则淡雅，青中有灰。元代青花一部分是外销青花瓷，所用的材料为进口青料，也可称其为苏泥勃青、苏麻离青等。它的呈色有三个特征，一是呈鲜丽的靛青色，略含程度不同的紫色；二是有浓淡色阶，勾勒线条较深，青料堆积处有蓝黑色或蓝褐色斑点，釉面下凹并哑光；三是青料都较均匀，线条边缘稍有晕化，有些呈色浓重，有放射状流散，见蓝黑色结晶点或结晶线。元代青花的另一部分用于内销，所采用的原料为国产料，主要呈色蓝灰或蓝黑，见浓淡色阶；青料积聚处有蓝褐色或黄褐色斑点，釉面下凹并哑光。明代时期青花瓷有了官窑与民窑之分，所用材料也有优劣之别。就原料的不同青花呈色分为五期，这五期中所呈现的色泽有的为淡蓝色，无晕散；有的为深靛青色，凝象处有黑褐色斑点；有的蓝中泛紫，无浓淡层次等。清代青花瓷的色泽也随着年代的更替而有着些微变化。

这些色泽虽然是由原材料和烧制条件决定的，但其产生的效果对于用电脑绘制模仿青花艺术效果仍是一个不可忽视的要点。

2.1.2 青花瓷色阶研究

青花瓷中的色调包含了呈色与色阶两部分内容，呈色因原材料与烧制条件的不同而不同，色阶则是由绘制中青料的浓淡而决定。青花的蓝白相映并不只是简单的两种颜色的拼凑，也没有单一化一说。仅从外观可见，青花纹饰的风格与中国水墨画十分相像，很大程度上，青花纹饰的绘制采用了中国水墨画的绘画技巧。从青花纹饰色阶所经历的三个阶段可以发现，起初的青花为单一浓淡，之后发展为采用“分水”画法，先以深色勾勒纹饰轮口，后以淡色填充，呈现深浅两个色阶。第三阶段，因青料的精细分为深浅不同的10个层次，中国画中有“墨分五色”，青花绘饰中也就有了“青花五彩”。

2.2 青花瓷纹饰特征及题材研究

青花瓷的纹饰题材非常丰富，随着时间的更替，青花瓷纹饰的种类、风格、样式等都随之改变，同时它也会因青花瓷的造型不同而有所差别；不同的纹饰题材反映着人们不同的现实生活和心理状态，可以透过青花瓷纹饰的发展看到历史文化，也可以在这历史中看到青花瓷纹饰演变的美妙历程，以及将这淡雅的纹饰风格运用到动画创作的实践中。

那么，按照朝代的发展，我们首先追溯到唐代，青花瓷始于唐代，有记载的海外藏唐代青花瓷现存于中国香港大学冯平山博物馆、美国波士顿泛美艺术馆以及丹麦哥本哈根博物馆，它们的纹饰主要有花草纹和鱼形图案等，而根据扬州出土青花残片发现，唐代青花瓷纹饰主要分为两类，一类是传统纹样，有动物、植物、云纹等，另一类是带有西亚风格的几何图形，有菱形、几何方格纹等。

宋代原始青花瓷发展并不迅速，有资料显示仅在“浙江、广东、江西景德镇”发现宋代青花瓷器，根据一些残片得出：纹饰主要有菊花纹、圆圈纹、弦纹、线纹等。

元代青花瓷发展趋于成熟，其纹饰题材也开始丰富起来，包括人物、动物、花卉树木、诗文。人物中有高士图（四爱图）、历史人物等；动物有龙凤、麒麟、鸳鸯、游鱼、孔雀、鹭鸶等；植物有牡丹、莲花、兰花、松竹梅、灵芝、花叶、瓜果等；诗文少见。辅助纹饰包括波浪纹、变体莲瓣纹、回纹、卷草纹、钱文、菱形纹、蕉叶纹、如意云头纹。不仅如此，还有一些带有伊斯兰民族风格的纹饰，以各种连绵不断的缠枝莲为典型。

明代青花瓷较元代分类更加详细，主要包括明洪武青花瓷、明永乐青花瓷、明宣德青花瓷、明正统青花瓷、明景泰青花瓷、明天顺青花瓷、明成化青花瓷、明弘治青花瓷、明正德青花瓷、明嘉靖青花瓷、明隆庆青花瓷、明万历青花瓷、明天启青花瓷、明崇祯青花瓷。明代早期开始，纹饰布局较元代层次更少，图案简练，以“一笔点画”法较多。洪武青花瓷的纹饰以花草、禽兽等自然物为主，还可见“福”“寿”等字。永乐青花瓷纹饰取材于大自然，流畅生动，主要有折枝菊、折枝莲、折枝月季花、缠枝莲、四季花卉等。宣德青花瓷纹饰则豪放生动，主要包括缠枝花卉穿花凤、穿花龙、龙凤呈祥图案。四季花卉图还包括折枝、西瓜、枇杷、束莲、桃、芝兰、菊花、石榴、牡丹、荔枝、葡萄等。人物包括琴棋书画、仕女、庭院婴戏、藏人剧舞以及故事化等。另有长寿题材如灵芝、松鹤图等。正统青花瓷纹饰较精致，有缠枝牡丹、缠枝莲托八宝、松竹梅图、鱼藻纹、狮子盘球、异兽、荷花等。直到正统后期才见人物画，有仙山胜境“南极老人图”“婴戏图”等。景泰青花瓷纹饰较松散、朦胧，绘画内容增多，几何图案相对较少，人物题材显著突出。天顺青花瓷纹饰风格较淡雅，布局疏朗，主题纹饰有缠枝花、折纸花、团花、贯套环等。成化青花瓷分为官窑与民窑，首先，官窑中的青花纹饰线条纤细，主要有海浪游龙、莲花游龙、团花龙纹、团龙、云龙、凤纹、缠枝花卉、莲塘游鱼、鸳鸯、海浪怪物、瓜果、垂枝花鸟、岁寒三友、柿子石榴、八宝、如意纹、梵文、藏文、回纹等。其中以仕女婴戏为贵。民窑青花纹饰还有常见的凤穿牡丹、松竹梅、马上人物、人物图等题材。弘治青花纹饰较柔和，以勾勒渲染为主。正德青花纹饰开始出现大量回纹图，风格并不豪放，题材有凤穿花、龙穿花、吉祥纹、波斯文、八仙、鹤鹿、八宝、方胜、钱纹、海涛等。嘉靖青花纹饰多有关于道教的内容，因为嘉靖皇帝崇尚道教，所以器皿上可见八仙、八宝、八卦、如意、云鹤等纹饰。还有灵芝、瑞兽祥麟、福寿康宁等喻义吉祥的图案。隆庆青花纹饰多以山石兰草、垂枝花鸟、荷塘鸳鸯、玉兔月亮、松竹梅、戏婴图等为主。万历青花纹饰与其他朝代相比有了更多的样式，如花篮、灯笼、瓶花、盆景、蝴蝶、洞石花卉、异兽、百鸟白鹿等；也有人物、动物、“寿”字等纹饰。天启青花纹饰风格更为朴素，为洒脱豪放的减笔写意画，纹饰内容丰富。崇祯青花纹饰题材也十分丰富，画法上运用了变形、夸张手法；有人物、走兽、鸟雀、鱼介、花卉、果品、文字等图案。

清代青花瓷的发展经历了顺治、康熙、雍正、乾隆、嘉庆等时期，其纹饰的风格与题材也大有改变，纹饰的笔法融入了中国画的画法，虽然青花瓷的整体发展到了康熙朝代以后便开始衰落，其纹饰的发展却一直是被关注的对象。

纵观历史，青花瓷经历了一千多年的时间，每个时期都有着不同的变化，我们所要掌握的正是这细微的变化，以便在动画制作中确定风格。

2.3 青花瓷应用范围研究

如今，青花瓷艺术风格广泛地应用在各个领域中，这足以说明人们对青花瓷的重视与喜爱，同时它也成为一种中国文化情结，每个中国人对青花瓷都有着独特的情感。那么，青花瓷艺术风格在服装设计、产品设计、建筑设计、绘画艺术等诸多领域中的应用，将给予本课题怎样的启示呢？

2.3.1 青花瓷艺术风格在服装设计中的应用

青花瓷艺术风格在服装设计中的展现，给人印象最深刻的应当是2008年北京奥运会颁奖礼仪小姐所穿的服装。服装上清晰可见卷草、花卉纹饰，蓝白相间的晕染效果，淡雅脱俗；设计以服装为载体来代替青花瓷器,同时穿着在中国女子的身上，使得东方女性的婀娜多姿与青花的柔和淡雅相结合，在这个全球瞩目的奥运会中，向世界展现出了东方魅力与中国文化，这种民族的、世界的创作思路，迎合了大众的心理，受到了国内外广泛好评，也使服装设计拥有了创新而又古老的元素，毋庸置疑，这是代表中国风的最佳元素。

而在此之前，就已经出现了青花瓷艺术风格的服装，在2006年的浩沙杯泳装设计大赛上，获得金奖的作品是北京服装学院于茜子设计的《青花瓷》系列。该系列有花卉、祥龙等图案，设计者将东方文化与泳装的动感风格相结合，又将传统与现代相结合，完美地展现出了我国的民族文化；如今，青花艺术风格在服装中的展现越来越多，我们在各大演出、展览等场所都可见到，青花瓷艺术风格已经成为我们生活中常见的元素。

2.3.2 青花瓷艺术风格在产品设计中的应用

产品设计，首先要迎合人们的使用需求，同时也要迎合人们的审美需求，设计者将青花瓷艺术风格融入产品设计中，无疑是一个好办法。例如，常见的产品——“酒”的包装，就融入了青花的纹饰（图5），像“泸州老窖”“红星”等产品都以青花纹饰作为酒瓶的包装，更有公司以“青花瓷”作为酒名，吸引了广大顾客。也因酒瓶的形状与青花瓷器相似，从内而外透着民族韵味，使得人们更加偏爱它。

图5 青花瓷酒

与此设计理念相似的产品还包括爱国者“移动硬盘”、青花瓷保温杯、青花瓷刀具、海尔青花瓷对开门冰箱、青花瓷日历，以及著名的景德镇女子瓷乐团所使用的乐器。表演者所使用的瓷瓯、瓷磬、瓷编钟、瓷二胡等乐器都是由瓷制作而成的，并且融合了青花纹饰，这样的融合使得演奏出的音乐听起来也十分美妙。

2.3.3 青花瓷艺术风格在建筑设计中的应用

在家居生活中，一些喜欢古典风格的住户喜欢将居室装修成青花瓷艺术风格，在北京，我们可以在地铁中看到青花的风采，在地铁8号线北土城站换往奥运地铁专线的途中（图6），无论是出口、地铁地图指示栏还是支柱上，都能看到花卉纹饰，尽显民族韵味，奥运期间的外国友人一定会对此留有深刻印象。

同样，将青花这一中国文化元素融入到建筑中的还有上海世博会中的江西实体馆（图7），它的外形由三个大小不等的青花瓷容器组成，从外观来看不仅简洁大方，还有着青花的淡雅气息，其中景德镇展区还有一面互动投影墙，墙面会随着参观者身体的动势而蔓延出青花纹饰。建筑设计师称"借建筑之力来倡导传统文化"，如此将青花与建筑相结合的作品让外国建筑师赞不绝口。

图6　地铁8号线换乘站

图7　江西实体馆

2.3.4 青花瓷艺术风格在绘画艺术中的应用

青花瓷与中国画是紧密相关的，从青花瓷的纹饰特征来看，其纹饰风格有着中国写意与工笔的影子，尤其是民窑青花瓷，更可见洒脱豪放的笔法。常见青花瓷中纹饰运用中国画风格，那么青花纹饰运用到中国画中应是非常少见的，然而在王雅平的《青蕴·态》一书中，画家将青花特色美妙地融入到国画当中。此书中的作品将古老遥远的青花瓷蕴与素雅率真的女性情愫相结合，不仅创造出了一种特别的淡雅之美，也呈现出了一份穿越时间、空间的沧桑与厚重。由图8可见，书中的其中一幅作品《镌》，画中女子低着头好似沉思状，她的衣服并不是用写实的手法表现出来，而是用青花纹饰点缀组合形成女子的衣型，笔法又融合了国画的特点，使得中国画与青花元素融为一体，整体的画面效果呈现出一种雕刻感，正应了作品的名字"镌"，作者将青花与中国画相结合，成功地展现出了一种新的艺术之美，民族韵味也更加浓厚。书中的其他作品也以青花纹饰点缀组合的形式表达不同的主题，风格十分新颖。

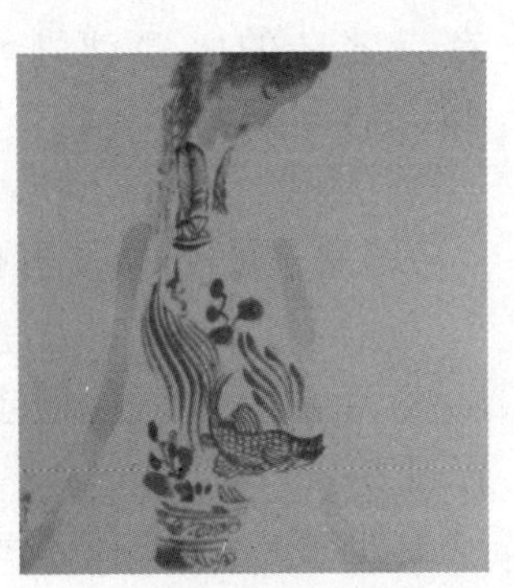

图8　《镌》

基于以上几点分析，不同的领域对于青花元素与之相结合的方式都有着差别，服装设计需要美与淡雅的结合，产品设计需要实用与装饰的结合，建筑设计需要柔与刚的结合，绘画艺术则需要一种新颖的表达方式。无论是哪一方面，它们共同的目的就是将民族化融入到自己的创作中，将中国古老文化发扬光大，走向世界；那么，动画创作更加应该作为载体将青花元素融入其中，呈现出富有民族特色的本土作品。

3　基于中国传统水墨风格动画的理论思考

3.1 对于中国早期水墨动画的思考

中国动画发展之初，已经创作出《大闹画室》《铁扇公主》《猪八戒吃西瓜》等经典的动画作品，随后在1960年,中国诞生了第一部水墨动画片《小蝌蚪找妈妈》。同时,这也是世界上第一部水墨动画片,《小蝌蚪找妈妈》以中国传统水墨画与动画技术相结合，这还是前所未有的具有中国特色的动画风格，一时间轰动了国际动画舞台。

20世纪四五十年代，所有动画片的形象还都是以“单线平涂”来确保连续动作的画面稳定不抖，现代也还有很多动画延续这种“单线平涂”的方法来创作二维动画；但是，水墨动画则打破了这一规律，人们所熟悉的中国水墨画，有着浓淡交融的墨色晕染效果风格，而水墨动画所呈现的画面效果也是如此，没有明确的边缘线，更没有平涂的色彩，所以，在20世纪完成水墨风格的动画片制作是相当不易的。

那么，在一个动画技术水平较低的年代里，水墨动画是如何实现的呢？据资料显示，水墨动画并不是在宣纸上完成的，而是通过原画师与工作人员用铅笔在动画纸上作画，进而依靠水墨动画的摄影来完成，而且画面中的人物或动物，需要分层绘画。例如，“同样一头水牛，必须分出四五种颜色，有大块面的浅灰、深灰或者只是牛角和颜色边框线中的焦墨颜色，分别涂在好几张透明的赛璐珞片上，每张赛璐珞片都要重复拍摄，最后重合在一起用摄影方法处理成水墨渲染的效果。”由此可见，过程相当复杂，制作所花费的时间也要比普通动画制作周期长。但是，水墨动画为中国带来的成功足以证明这些付出是必要的。

在水墨动画《小蝌蚪找妈妈》出现三年后，上海美术电影制片厂又创作了《牧笛》，十几年后继续创作《鹿铃》《山水情》，这些作品都获得了国际大奖，从动画中可以深刻地感受到，水墨风格融入动画技术所呈现出的深远意境，是其他动画风格无法企及的，水墨动画的创作展现了中国独有的民族特色，不仅创造了一种新的动画风格，也使中国动画打开国门走向世界，震撼了国际动画界，这种散发着中国文化内涵的水墨韵味至今也仍是经典。然而，对于现代的动画创作者，繁杂的水墨动画创作过程已经有所改变，怎样以最便捷的方法创作水墨动画成为首要思考与解决的问题。

3.2 对于中国当代数字水墨动画的思考

如今，动画制作更多的依托电脑技术来完成，也使得动画制作周期开始缩短，所以，利用电脑技术完成动画制作已成当今主流，无论是二维动画还是三维动画，电脑技术都成为了制作中不可缺少的手段，那么，水墨动画也是在数字技术的帮助下逐步发展起来的。

如今，数字技术支撑下的水墨动画也逐渐出现在银屏前，2003年一部三维短片动画《夏》入选了美国电脑图像技术的世界盛会Siggraph，这部动画时长只有2分28秒，却成功地利用三维技术呈现出了水墨的韵味，画面中镜头对着荷叶慢慢推近，蜻蜓伴着荷叶舞动着、鱼儿在水中游来游去、女子吟诗赏景，整个动画中有景物、动物、人，都将水墨的虚实变化、浓厚的民族韵味展现了出来，最后镜头回到开始，一幅荷叶图，一首诗附上，这正是中国画特有的审美风格。此作品获得了好评，这说明以三维技术展现立体的传统中国水墨画效果，在当今是一个可取的好办法。自2005年起，北京印刷学院何云教授带领的团队开始研究制作三维水墨动画，其中代表作品有《武韵》等（图9），曾获世界多媒体峰会艺术大奖。作品《武韵》主要展现国画的大写意风格，将二维平面效果转为立体效果，使水墨动画有了空间感和视觉冲击力，同时也将虚实相交的水墨韵味表现得淋漓尽致（图10）。作品融合了高超的数字技术与传统中国画艺术的审美理念，其艺术效果得到了业内的高度评价。

图9 《武韵》（一）

图10 《武韵》（二）

继传统水墨动画出现之后，相隔数年有了水墨动画的转型，那么，三维水墨动画的制作与二维水墨制作有什么区别呢？第一，其人物、动物及场景等都要通过三维软件建模来完成。第二，所要绘制的水墨风格，也要通过在建模的基础上，进行展UV、画贴图、贴材质来完成。其中，在展好的UV上画贴图并不像在宣纸上画国画那样，而是每笔都要选择相应的笔刷来绘制，并要用软件进行处理，最终得到水墨画的效果。而且所画的每笔还要找好对应的位置，在接缝处进行特殊处理，最后在UV上画好的图像要导入三维软件中，才可观看其效果。因此，在贴图的绘制上是有一定难度的。能否成功地表现出水墨韵味，最重要的就是贴图的绘制。第三，则是在软件中进行动作调节，最后将分开处理的图层合成，进行后期处理和剪辑。这一系列的制作过程与中国传统水墨画的制作有着很大的不同，但却能呈现出与之相似的艺术效果。

如今，通过媒介可以看到很多三维水墨动画作品，但主要问题都是“水墨味”不浓，使观众很难认可，我们称之为“伪水墨动画片”。所以，如何利用当代先进的数字化手段，在节省成本的基础上制作真正意义上的具有水墨韵味的数字水墨动画作品，是数字水墨动画制作者肩负的重任。

3.3 基于中国传统水墨动画之上的青花瓷艺术动画风格

中国水墨动画走过了几十年的历程，其优秀作品人们喜闻乐见，并且已经深入人心。而青花瓷绘艺术风格也同传统中国水墨画风格一样，深受人们的喜爱，这给青花瓷艺术风格融入数字动画的研究制作工作提供了极大的精神力量。在制作过程中，三维水墨动画的整体制作流程也为本课题的实践提供了可资借鉴的内容和方法，但由于中国画与青花纹饰风格虽相似但仍有着差别，在绘制贴图的过程中则需要以不同的方式完成。

融汇古今，兼容并蓄，青花瓷纹饰绘画风格同样拥有着水墨的大写意风格，也拥有着中国传统文化的韵味，且可以通过三维制作更便捷地完成创作，这在很大程度上肯定了青花瓷艺术风格动画可以使用中国传统水墨动画的创作过程及方法，而同时青花瓷纹饰色彩特有的“蓝白相间”也是独具一格的，这对于中国动画风格的创新具有重要的意义。青花瓷艺术动画风格，有了中国传统水墨动画为基础，在制作及传承中国传统文化上都将变得更加容易。

4 青花瓷艺术表现形式运用于数字动画的可行性

4.1 数字动画传承中国民族文化的可行性

20世纪的本土动画一直在寻找民族特色，也很成功地将中国民族文化表现出来，如像水墨、剪纸、木偶等形式都代表了中国民族风格。另外，民族文化的体现也关乎着动画剧本题材的设定，一些民间传说、寓言故事、宗教故事等都带有民族色彩。

可想而知，带有中国民族韵味的元素对于动画创作的运用十分重要，而对于中国民族元素的选取，看似美国更胜一筹，美国迪斯尼和梦工厂制作的《花木兰》《功夫熊猫》等作品，将中国的故事、中国的功夫以及儒家、道家思想等元素融入动画中，然而，虽然动画中有了中国民族元素，可在动画中所看到的依然是美国风格的影子，美国动画的人物造型夸张，配音配乐也极具美国人独有的特点，即使主人公描写的是中国古代女子，可其造型、表情以及声音也与真实的中国古代女子相差甚远，这就是为什么我们看到了很多中国元素，却感受不到中国风的原因。因此，我国动画对于体现中国民族文化的创作，具备得天独厚的条件，理应将中国民族元素诠释得最贴切。

中国传统动画有着浓厚的民族韵味，那么，对于现代的数字动画是否要继续传承中国民族文化，并且它能否传承中国的民族文化？毫无疑问，数字动画不仅要继续传承中国民族文化，还要传承得更好、更广；听闻数字，联想到的则是科技、超前，似乎与民族文化联系不大，但实际上，数字动画是以现代高科技为依托，把原本复杂的动画流程变得更加简便，同时也解决了传统动画制作过程中的难题。基于对中国当代水墨动画的一些成功作品分析，现如今，数字动画传承中国民族文化的可行性是很大的，创作者不仅要掌握我国民族文化元素，并能了解其内涵，恰到好处地融入动画的核心中，同时还要以熟练的电脑技术手段实现动画的制作。这对于中国本土来说，是可以做到的。

4.2 青花瓷的艺术风格融入数字动画的可行性

如今，数字动画已批量生产，风格也开始千变万化，但对于具有民族风格的动画却十分稀缺；同时动画制作者也在不断地寻找新的动画风格，不断挖掘民族特色，这就说明我国动画需要创作出创新的、民族性的动画，只有拥有了这些特色，我国动画才能走向世界，立足于世界动画舞台。

青花瓷艺术风格作为一种新的形式，具备中国民族文化的特征，也有着与中国画相似的绘画风格，而且无论是传统的中国水墨动画还是当代的数字水墨动画都已经获得了成功，在这样的基础上，中国水墨动画给予了“青花瓷的艺术风格融入数字动画”这一课题很大的参考价值，那么，获得成功是指日可待的。

5 青花瓷艺术在数字动画中的探索与实践

5.1 三维动画实验作品《伯牙绝弦》的设计方案

本课题在实践制作过程中结合青花瓷绘艺术特点，在故事题材的选择上，主要从古代文学作品中寻找合适的故事内容，最终选择了《伯牙绝弦》这一故事。制作方案是根据三维动画的制作流程来设计，在前期编创过程中，经过剧本设定、人物设定、场景设定、分镜头绘制等过程。在中后期制作过程中，主要完成模型的制作、贴图的绘制、调动画、渲染输出以及后期合成等制作过程。制作重点主要体现在剧本与贴图中。

5.1.1 剧本设定

在青花瓷的色彩及题材研究中，已经从唐、宋、元、明、清这几个朝代间总结了青花的色彩、题材变化，而青花的艺术特点在各年代间又均有不同，因此本课题主要选取了清代康熙年间的青花色彩纹饰特征作为创作风格背景。康熙年间的纹饰题材中比较著名的有《水浒传》《滕王阁序》《三国演义》等，而这些题材更适合做分集动画。本课题的实验动画要在短时间内展现完整故事，则选择了伯牙与子期这一有关知音的故事，其内容不长，正适合作为短片动画的情节。在康熙年间，就已经有了以历史人物故事“携琴访友”为纹饰题材的青花瓷器，如清康熙青花山水人物图方瓶、清康熙青花携琴访友图花盆、清康熙青花携琴访友图文笔筒、清康熙青花携琴访友故事盘等（图11至图14）。

图 11 方瓶　　图 12 花盆

图 13 图文笔筒　　图 14 故事盘

本课题就以“伯牙绝弦”为故事背景。众所周知，伯牙是春秋战国时期的琴师，也曾是晋国的上大夫，在一次出使楚国时，因风浪而停靠在山下，之后便在这景色迷人的山间弹起瑶琴，正巧碰到打柴的子期路过，更让伯牙没想到的是，这个打柴的子期竟懂琴声，两人一见如故，并相约第二年的中秋在此相见。然而第二年的中秋，伯牙并没有等到这位知音，等来的却是子期离世的消息。伯牙十分悲痛，他来到子期的坟前，弹奏一曲《高山流水》，便摔碎了瑶琴。

本课题以这一故事为主要线索，进行文字分镜的设定，共设定了12个镜头。

（1）画面为山水图，清清的河水，远山相间，小船划过，题目“伯牙绝弦”出现在画面中。

（2）画面中出现两只飞鸟，穿过字幕，字幕颜色变淡，融入画面中。镜头跟移鸟的飞动，穿过河流，穿过山间，当飞鸟停在一棵树上时，镜头变为固定镜头。

（3）飞鸟停在树枝上，镜头下移，伯牙坐在树下弹琴，树旁河中的鱼游来游去。

（4）镜头跟着水中的鱼游到桥下，开始摇镜头，画面中出现站在桥上的子期，子期正要打柴回家，听到琴声，便停下脚步，扭过头看了过来。

（5）子期转身往桥的另一端走去，寻找琴声的方向。中景，固定镜头。

（6）伯牙也发现了子期，镜头从伯牙的背后拍摄，伯牙与走过来的子期对视。

（7）伯牙与子期相对而坐，伯牙弹琴，子期听琴。

（8）子期时而坐下静静听琴，时而起身吟诗。黑场。

（9）画面中一棵树长满树叶——落叶凋零——长满树叶，表现时间的更替。

（10）同第8镜头的场景，伯牙坐在同一个位置弹琴，对面无人，伯牙忧伤地弹奏着，同时叠化他们曾经刚认识的画面，声音突然停止，黑场结束。

（11）伯牙站在子期的坟前，停止几秒，摔碎瑶琴。黑场。

（12）伯牙转身离开。镜头逐渐拉远，一幅山水画出现，画面右上角题一行诗句。全剧终。

剧本的基本设定完成后，就要开始人物、场景的设计。一般来讲，分镜的设计应该在建模前完成，而本课题则是先完成了建模部分的工作，才进行分镜的绘制，这样是为了在镜头上有更直观的设计，也能更加清楚故事场景与人物之间的关系，有利于产生更好的创作思路。

5.1.2 人物及场景设定

实验片《伯牙绝弦》里的人物及场景，采用三维建模的方式，将故事中所出现的人物，以及人物所处的环境表现出来。如果将一部实验动画比喻为一盘菜，那么人物和场景的制作过程则是准备“食材”阶段，这一阶段是十分重要的，人物造型、场景的搭建不仅为后面的步骤打下了基础，还为分镜头的绘制提供了更好的镜头感。

《伯牙绝弦》的故事中所出现的两个人，即伯牙与子期，都是春秋战国时期的楚国人，但身份却不同。伯牙是当时著名的琴师，同时也是晋国的上大夫，而子期只是一个樵夫。这样地位悬殊的两个人，他们的衣着打扮也是有区别的。那么，在人物设计上，伯牙的形象应设计成正气而又文雅的气质，同时他的衣着也要符合他的身份。而子期的造型设计则是消瘦的身形，他的出场要戴着斗笠、拿着柴火和斧头等，用他的衣着以及工具，突出樵夫这一身份。在故事中，两个地位悬殊的人最后成为了知音，所以俩人的形象设计重点在于突出他们各自的特点。那么，在衣着这方面，则从两人所处的时代背景出发，二者都为春秋战国时期人，春秋战国时期的服饰种类繁多，因伯牙为上大夫，所穿的衣服就更加宽博，袖口较大，头戴冠，且衣服较长，仅露脚面；经常砍柴的子期，衣服则相对较窄，头发简单扎起，这些衣着上的特点都足以将二区人分开，在建模的过程中，人的模型可以大致相同，除衣着不同外，人物的区别是可以通过贴图表现出来的。图15和图16所示为伯牙与子期的模型展示。

图 15　伯牙模型

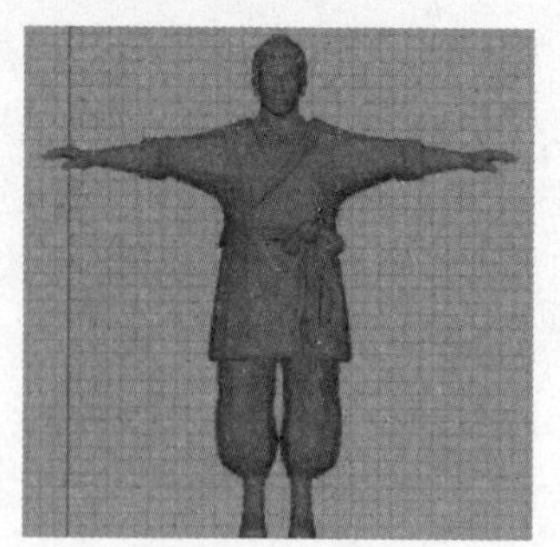
图 16　子期模型

比起人物设计，场景设计因为涉及的内容较多则显得更加烦琐，在场景设计上，要根据文字分镜记录需要搭建的模型，同时要参考大量的图片资料，使得其造型符合历史，建模中布线的同时还要考虑到下一步骤贴图的工作。在《伯牙绝弦》的场景中，最重要的一部分就是高山，有记载称伯牙乘船到汉江，因风浪停泊在山下，知音的故事便发生在这群山之下。所以，群山的搭建是首要，而汉江景象在当时不能像现在一样用相机保存下来，只能通过一些国画、诗句来找寻它的样貌。另外，动画中出现的动物——飞鸟、鱼都是引出主人公的重要角色，也是动画的一大亮点。同时，需要建模的内容还包括树、石桌、石凳、桥、船、瑶琴、斧头、柴火、斗笠、子期之墓等。

那么模型建成后，在场景中的摆放也是一个重要部分。一个人物的出现、一件道具的位置是否适宜，都会影响到镜头语言的表达。图17所示为《伯牙绝弦》的全景，故事都是在这个场景中发生的。

图 17　模型全景

从第一个镜头开始，飞鸟从画面中出现，一直飞向群山，到落在树上，这是一个连贯的动作，也是引出主人公的一个途径，为了表现好这一镜头，就要找好鸟出现的位置以及群山的方向，更重要的是树和伯牙与群山的相对位置。之后的镜头也如此，由主人公伯牙与河中的鱼、桥上的子期之间的关系决定他们在场景中出现的位置等。

人物及场景的设定之所以关键，是因为它贯穿着动画制作过程的始终，也是整部动画除剧本以外的第二个基础，在制作过程中，经常会在贴图或者布料运算的工作中发现模型出现问题，这时就要重复之前的一系列工作。为了避免重复工作，在建模的过程中就要有丰富的经验和认真的态度。这部分制作大致经历一个月时间，在制作过程中，对实验三维动画《伯牙绝弦》的制作思路更加清晰明确，这也为下一步工作“贴图”打好了基础。

5.1.3 材质与贴图

材质与贴图是本课题的关键部分，因为三维动画《伯牙绝弦》的青花瓷艺术形式则是由这部分工作完成及表现出来的。其中材质的选择以及贴图的绘制，都决定着最终所呈现的效果，其间还要经过不停地修改和尝试来找到最合适的方法。在一些传统的写实渲染动画作品中，还需要灯光的设置，而本课题所做的实验动画属于非真实渲染，与水墨动画相同，其青花艺术风格不需要加入灯光，画面中的明暗主要由颜色的浓淡来表现。

在三维动画的制作中，材质是针对于物体属性的工具，当物体选中某种材质球时，物体的表面都会随之变化。三维软件Maya中的材质包括Lambert、Blinn、PhongE、Layer shade 等，其中Lambert比较常用，它一般用于不光滑的物体，且不会反射周围的环境，比较适合木头、桌子等没有高光的物体。Blinn则带有局部高光，适合用于真实感强的金属、玻璃等物体。三维动画《伯牙绝弦》在制作过程中，可以选择Lambert这一材质，但为了便于增加边缘线，则选定了一种卡通材质——solid shader，其效果也贴近青花艺术风格，但因边缘线是通过软件调节数值自动生成的，呈现的颜色只能是黑色，渲染出的效果也略显生硬，这就需要将画面分层渲染，单独对边缘线进行批量处理后再全部合成。

材质的选定与贴图的绘制几乎是同时进行的，在几次尝试后，确定了卡通材质，也确定了绘制贴图的方法。这是本课题的关键，但也是本课题的一大难点，不仅需要掌握国画的绘画功底，还要结合青花瓷康熙年间的纹饰风格,青花瓷在清代康熙年间的纹饰风格以及色阶在前文中已经进行了总结，康熙年间中期的青花呈色浓淡已经有将近10个层次，颜色也鲜艳青翠；在绘画技法上采用了“分水”画法，中国画有“墨分五色——焦、浓、重、淡、清”，而青花也呈现了五个色阶：头浓、正浓、二浓、正淡、影淡。虽然名称各不相同，但要达到的效果是相似的，也同样将颜色的深浅和虚实变化展现出来，这是中国特有的绘画技巧，众所周知，西方画重在写实，就连光影也能通过绘画技巧明确地体现出来，而中国画用一种颜色通过含水分多少的不同则可展现出干湿浓淡的不同效果，青花“分水”画法也是如此。同时康熙年间也有披麻皴法，多见于山树。

而在软件技术与青花艺术的结合中，往往所尝试的很多方法很难达到预期效果，因笔刷的不同，绘制出的平面效果则不同，有时平面效果不错，而呈现的三维效果却有一定的差距。那么在贴图的绘制中，要体现青花瓷的有浓有淡，画面有勾线，也有空白的艺术效果，首先要确定软件工具，而最能实现这些效果的当属二维软件Photoshop。曾尝试过Photoshop自带的水彩笔刷以及硬边圆笔刷，虽然在透明度的调试下也可展现透亮的效果，却缺少了国画的韵味。接下来本人采用何云教授发明的水墨笔刷库,把这套笔刷库导入PhotoshopCS5中，就可以实现绘制不同的水墨效果的笔法，再配以不同的特效参数，就解决了用水墨技法绘制青花瓷风格的艺术效果的这一难题。

图18所示为几种笔刷的效果，其中浓淡湿笔用来作第一遍铺色，擦笔用来制作皴法效果，中锋干笔则用来勾边。为了使效果更有青花瓷的透亮感，在该图层中还要加上一层内发光的特效，以及对特殊区域进行特效处理的数值调校。

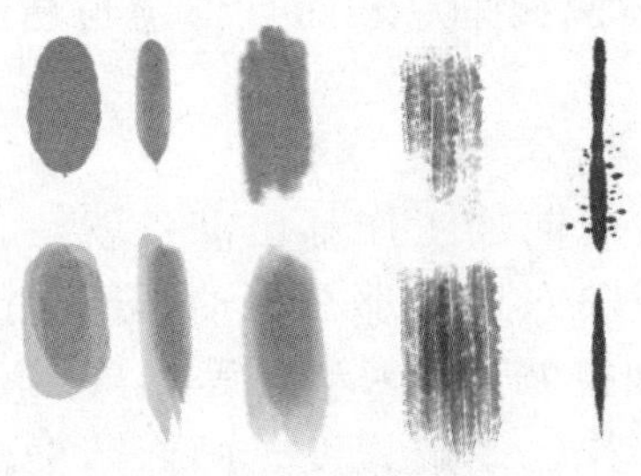

图 18 笔刷效果

另外，贴图是要依照建模后所展的UV进行绘制的，由于UV是切分过的，对于一些布线较多的模型，在接缝处绘制起来更为麻烦，经常会出现物体上的贴图连接不当，有时需要在贴图上进行修改，而有时则要配合镜头，将UV的切缝处选定在物体的内侧或后侧。

图19至图24就是场景中部分贴图的平面以及三维效果展示。在山的贴图绘制中，中锋干笔则较少用到，它的边缘线需要通过软件自动生成，通过后期处理才可合成。树的贴图则会用中锋干笔来绘制树的纹理以及树叶,而人物、鸟、鱼则也是以浓淡湿笔为主，在透明度的调试下，画出浓淡分明的效果。另外，如船、帽子、斧头等道具的贴图也是在浓淡湿笔与擦笔的配合下绘制而成的。

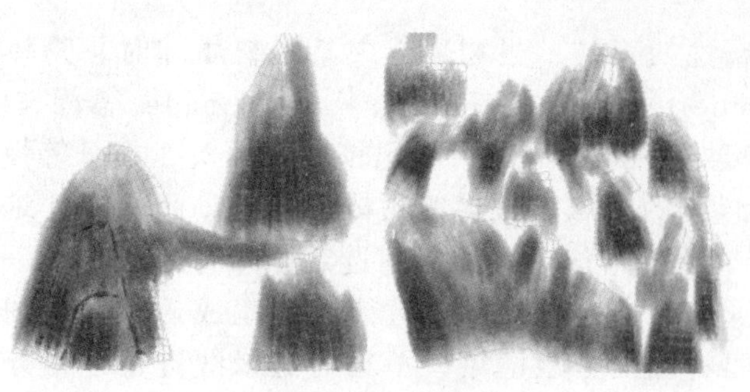

图 19　山的平面贴图

图 20　山全景效果

图 21　船的平面贴图

图 22　船的三维效果

图 23　树的三维效果

图 24　人的三维贴图

在贴图的过程中，虽然是每个物体单独进行贴图绘制，但也要考虑到整体画面效果，画面中的近实远虚也要通过贴图来解决。有些镜头也可以通过Maya的摄像机参数设置解决。材质与贴图的工作结束后，则可以进行动画部分的工作，动画包括绑定蒙皮、K动画以及渲染，为了保证不做重复绑定工作，在贴图以及之前的工作更要仔细认真,而且绑定与贴图的制作顺序尽量不要调换。

5.1.4 动画及渲染

贴图绘制的完成，就代表着所有的前期工作都已准备就绪，人物造型、场景、道具都已经有了青花艺术风格的外衣，万事俱备、只欠东风。那么，动画部分的准备工作就要紧跟其后，其中技术方面主要包括绑定骨骼、蒙皮、添加控制器、K动画等，虽然有诸多技术支持，但动画最终所呈现的效果还是在于操控者对动画运动规律的了解程度、画面节奏的掌握程度，以及在画面中的动作设计是否能体现青花艺术美感。对于单独创作动画的制作者来说，动画制作中的任何环节都要考虑周全。

动画中发生动作的元素包括人物、动物及摄像机等。人物与动物的动作是根据分镜剧本进行特殊设定的，以及动画中的花、草、树、木等也会因风的动力发生动作，而在制作动画的场景中，摄像机也要根据镜头的需要进行“推、拉、摇、移”。在进行动画设定时，速度也是其中较为重要的一部分，动画中人物或其他物体运动的速度直接影响着画面的节奏，也影响着故事情节的发展，因此，动作的快慢要结合故事情节发展来调节。

那么，在三维动画《伯牙绝弦》中，冲进镜头的飞鸟、划过的小船、飘动的树叶，正在鼓琴的伯牙、水中游鱼、摇晃的荷叶、闻声而走向伯牙的子期，都要进行动画制作。首先，人物的动作设定最为关键，伯牙在动画中大致有鼓琴、摔琴的动作，虽然动作不多，但仅在鼓琴这一动作上就给人以三种不同的感觉。伯牙三次鼓琴，第一次为故事的开始，伯牙一人在群山下，因雨后美景而琴兴大发；第二次为子期的出现，伯牙因巧遇知音而鼓琴；第三次为子期没有赴约，伯牙鼓琴唤知音。虽然三次同为鼓琴，主人公每次鼓琴时的心境却完全不同，因此，在动作设计上就要巧妙地区别开来。伯牙第一次鼓琴，动作应为舒缓、柔和；第二次鼓琴，动作更为轻快；第三次鼓琴，动作则显得急躁、慌乱。而伯牙摔琴的动作则扣了整部动画的主题"伯牙绝弦"，动作应是干脆利落，而又带着悲痛。子期在动画中的动作较为简单，他从桥上经过，本要回家，听到伯牙的琴声就走回河旁，找到伯牙；这一系列的动作，有动有静，变化微妙。其次，动画中飞鸟与鱼的动作也要根据故事情节进行设定，因两者都具有穿针引线的作用，动作都较缓慢。第三，从"伯牙与子期相遇"到"二人相约再见的第二个中秋"这两个镜头之间需要一个镜头的过渡来表现时间的飞逝，笔者选择以树叶的凋零、茂盛来突出时间的变化，那么，树叶经过"凋零—茂盛—凋零"这一过程的速度则应该为"慢—快—慢"，如果以匀速来调节此处的动画，就难以表现时间的变化。

物体的动画制作完成后，就要由摄像机的拍摄来完成每个镜头的演绎。首先，摄像机要根据分镜剧本来确定它在每一场景前的位置、景别，而对于本课题所研究的"青花艺术形式"，它在动画中的另一个体现就在于每个镜头中的画面结构，中国画与西洋画在这方面是不同的，西洋画的构图重在焦点透视，而中国画则为散点透视，它可将不同的时间、地点、人物画于同一画面中，著名的《清明上河图》所用的就是散点透视；中国画的另一个特点则是留白，画面中的空白也是构图的一部分，所留空白的多少也可表现画中人物及场景的层次关系，青花艺术同样也有着中国画的散点透视与计白当黑的特点。因此，《伯牙绝弦》中的每个镜头都要考虑到构图问题，摄像机在拍摄动画中的山水、人物时，就要注意它们的层次疏密关系，层次处理得当，也会使整个画面充满意境；同时，摄像机中将场景的摆放打破常规，物体的位置以及方向并不按照正常的焦点透视来摆放，这样则通过摄像机的拍摄来实现中国画的散点透视。

动画的渲染是动画前期制作的结束部分，此时动画的各个镜头都已基本成型，但《伯牙绝弦》的表现形式需要勾边效果，而三维软件Maya自动生成的勾边效果略显生硬，且只能生成黑色，所以要针对这一问题进行分层渲染，再借助Photoshop进行批处理修改，最终在后期制作中进行合成。

5.1.5 后期制作

一般来讲，后期制作包括特效制作、合成及剪辑输出。也就是对渲染完成的素材进行加工，进而将同一镜头的不同层进行合成，最后通过剪辑软件将所有镜头以及音效、配乐合成输出，制作中通常会用到AE、Photoshop、Edius或Premiere等后期软件。这是动画全部制作流程的收尾工作，看似只是简单的合成输出，但实际上一些影视动画的出彩效果都是通过后期制作而成的，三维动画《伯牙绝弦》属于三维制作方式渲染二维动画效果，且青花艺术形式是没有光影效果的，因此在后期制作过程中，特效部分较少，相比合成的部分则较多。

首先，根据每个镜头的需要进行后期制作，在《伯牙绝弦》场景的建模中，主场景部分是以模型为主的，而模型以外的地方较空，有些镜头可以留白，而有些镜头则需要在场景后面添加一些背景，那么这些背景就需要通过二维软件来绘制。例如，镜头一中则需要画几座远山，且要降低它的清晰度来与前排的山分开层次，体现出它们的远、近、虚、实等；绘制完成后通过AE软件合成即可输出。后期合成过程中的另一种方式则是直接利用AE软件中的效果来完善镜头中的缺陷，如为使画面更有意境，在群山中添加一些飘动的雾，可以用二维绘制，也可以用AE中的燥波来制作；在《伯牙绝弦》的第一个镜头与最后一个镜头中，分别有作品名字与诗句的出现，而这些字句出场所设定的是手写与逐字出现的效果，那么就要用到AE软件中的write-on以及遮罩特效。而在合成输出时要注意的是输出格式，为保证画面质量，尽量选择avi格式，由于输出格式较大，输出后可通过格式软件进行压缩。

其次，则是进行镜头合成完成后的工作——剪辑。与电影相比，对于动画片在镜头上的剪辑，难度并不大，因动画中的镜头都是按照分镜要求在三维软件中渲染而成，出现问题不多，即使镜头出现问题也可以及时在三维软件中调整，若出现镜头时间较长而导致前后镜头衔接不当等问题，则在剪辑软件中进行简单调整即可。动画剪辑的另一个重要内容，就是声音与画面的搭配。声音在动画中是一种“不可见”的元素，但它却起着举足轻重的作用，无论是片头曲、片尾曲、插曲，还是音响、旁白，都是声音元素的一部分，任何声音的变化，都会推动动画情节的发展，也直接影响到动画影片故事的讲述。在三维动画《伯牙绝弦》中，则需要有围绕主题的插曲，以及音效、独白等。那么，据传名曲《高山》《流水》是伯牙的作品，《伯牙绝弦》则选用了这曲《高山流水》作为动画中的插曲，动画中伯牙三次鼓琴，每段音乐都不相同，《高山流水》就作为第三次鼓琴时的音乐，而动画中的音效，则要根据画面需要进行搭配，音效主要包括鸟叫声、流水声、山间环境音、走路声、碰撞声、独白等。音效如何搭配画面，也直接影响着画面的播放。例如，音效的声道及音量要根据人物或动物出现在画面的位置进行调节，使得视觉与听觉统一化，来满足观众的心理需求。画面中字幕的添加也是剪辑中的工作，虽然《伯牙绝弦》的旁白较少，仅有几句，但字幕在画面中出现的位置以及字体、颜色、字号都要使它更加和谐地融入画面，与其成为一体。

最后，当动画的声音、字幕、特效全部完成时，就意味着这是一部完整的动画了。三维动画《伯牙绝弦》在后期制作中进行了完善和修整，它从零散的镜头变为完整的动画，音画的同步也将其青花艺术形式完全展现出来，这部分工作是不可或缺的。

5.2 青花瓷艺术形式在实验三维动画《伯牙绝弦》中的体现

三维动画《伯牙绝弦》在经历了剧本创作、人物造型及场景设定、贴图绘制、动画渲染以及后期制作这几部分工作后终于完成，而本课题的研究对象“青花瓷艺术形式”也在动画中呈现出来。制作期间有很大的收获，但也遇到了一些问题。那么，青花瓷艺术形式具体体现在动画《伯牙绝弦》的哪些地方呢？在青花艺术形式融入三维动画的实践中又存在哪些问题呢？本课题主要从动画的故事背景、画面结构以及色彩等方面进行总结。

第一，动画《伯牙绝弦》的故事选取，是来自清代康熙年间的几个以历史人物故事“携琴访友”为纹饰题材的青花瓷器，进而以伯牙与子期的故事为主线进行创作的，可以想象，故事中伯牙在群山间鼓琴的情景，用以青花艺术风格展现于动画中，韵味是非常独到的，而在动画中也实现了“高山流水”的韵味。第二，在动画《伯牙绝弦》中对于画面的构图也十分重视，青花瓷艺术风格有着中国画的很多特点，因此，画面的构图也参考了中国画的特点。动画中场景的摆放打破陈规，通过摄像机的拍摄以及后期处理，实现了散点透视的特点，而同时在山水、人物等场景中，“留白”的处理也使整个画面更加通透。第三，众所周知，青花瓷的色彩则是蓝白相间的特点，而不同的年代间，其色泽也不同，呈灰暗或鲜亮，在动画《伯牙绝弦》的贴图绘制中，则以鲜亮为主色调，不仅色彩一致，就连所画风格都尽量与其一致。

在实现了青花艺术风格融入三维动画这一课题的同时，也遇到了相应的难题，则是在贴图绘制上的问题。贴图的绘制不仅需要国画的绘画功底，也需要攻克在UV上绘制的难题，而在青花艺术风格这一范畴中还没有相关的借鉴与参考，若想很好地呈现青花艺术效果，确实要进行大量的尝试与练习。

总地来说，三维动画《伯牙绝弦》展现了青花瓷艺术形式，同时也因当青花瓷艺术形式传承了中国传统文化，无论从色彩还是画面结构都展现了中国独有的形式美，相信青花瓷艺术形式在动画中的实现这一研究课题的成功，会让观众眼前一亮。

6 青花瓷艺术形式在数字动画中的应用前景展望

近百年来，中国动画从万氏兄弟的无声动画《大闹天宫》发展到现在，并不容易，80年前的中国动画成为了经典，而现阶段能在国际市场上有一席之地的中国动画却几乎微乎其微，其间并不缺乏动画人才，为制作动画辛苦耗时几年的也大有人在，呈现的效果也并不差，但为何无法留名于世界动画舞台呢？从这里要引发我们思考的问题就是，什么样的中国动画才能成功，在现如今这样一个以科技支撑发展的环境下，如何创造出让人们不会忘记的动画作品。

可想而知，一部成功的中国动画应该包含好的剧本题材、新颖的艺术表现形式以及领先的技术支持。如果说“数字”是动画制作的手段，“剧本”是动画的灵魂，那么，“艺术表现形式”就是动画的外衣，三者缺一不可，如果没有数字技术的支持，动画的灵魂与外衣就无法展现出来；如果没有动画的灵魂，动画的技术与表现形式也成了虚无；如果没有动画的外衣，那么动画的灵魂就没有了载体，技术手段也无法施展。本课题主要从动画的“艺术表现形式”这一角度来探讨它在动画中的重要性，并结合本课题的研究结果展望青花瓷艺术形式在数字动画中的应用前景。

现如今，数字动画的艺术表现形式中较为突出的则是三维水墨动画，以三维技术为支撑的水墨风格大受欢迎。那么，作为与水墨风格画风相似而色彩又有着区别的青花瓷艺术形式，在数字动画领域中，它的未来发展前景如何呢？能否一样受到欢迎呢？能否在动画市场推而广之呢？又能否走向世界动画舞台呢？

首先，从中国传统文化方面来看，青花瓷艺术形式是具有代表性与传承性的。青花瓷本是中国古代瓷器，同时也蕴含着中国传统文化的气息，它是彰显“中国”的载体。那么，将这一载体融入数字动画中，成为数字动画的外衣，也使得动画本身有了传承中国文化的功能，承载着弘扬传统文化功能的中国动画相比其他形式风格的动画是更具有能力的，在数字动画这条道路上，它必将走得更远、更稳，世界可以通过这一形式来进一步认识中国，它必将走出国门走向世界。

其次，在数字动画的表现形式方面，也是需要不断创新和突破的。这不仅是为了开辟中国动画的新天地，也更是为了迎合广大观众的心理需求，人们往往被新的事物所吸引，数字动画在形式上的合理创新，是十分重要的。“青花瓷艺术形式”在数字动画中就未曾被挖掘过，如今大部分的三维数字动画还是传统的写实效果，而非真实渲染中较为多见的是卡通效果，青花瓷艺术形式在动画制作中属于非真实渲染效果，显而易见，这种形式在众多数字动画表现形式中是独树一帜的，这种蓝白相间的特殊效果使动画更具有表现力，也更加有特点。因此,从数字动画的表现形式来看，青花瓷艺术形式是能够为中国动画开创一片新天地的。

作为数字动画的一个新的表现形式，同时又有着中国传统文化底蕴的青花瓷艺术形式，在数字动画的这个大环境下，是值得推广以及发展下去的。首先，立足本国。它不单纯是一部动画的外衣，也可以借着这外衣应用到博物馆、展览馆等展示中国传统文化的地方，通过这样的方式用青花瓷艺术风格来创作有关中国传统文化的动画，立体重现青花瓷纹饰中的历史故事，使观者身临其境，不用再局限于瓷瓶上的观赏。其次，走向世界。众所周知，china的另一个翻译就是陶瓷、瓷器，这更加说明了青花瓷作为瓷器在世界中代表着中国，古时就有中国为友好建交以青花瓷作为礼物送给世界各国，如今我们也可将极具中国传统文化代表性的青花瓷艺术形式的数字动画推广于世界，留名于世界。相信在不久的未来，青花瓷艺术形式在数字动画中的应用会越来越广泛，其功能也会越来越多，它的成功是指日可待的。

结语

通过这一年来对三维动画《伯牙绝弦》的独立创作以及论文的撰写，不仅使我提高了专业技术水平，有了一定的艺术理论基础，也让我对中国动画的表现形式以及中国传统文化有了新的认识。

对于动画创作者来说，单独创作动画是一件难事，我国鲜有同仁单独创作，即使有也需要花费四五年的时间。虽然难度很大，但在制作过程中发现，一个人的创作使本人的思维更加缜密，也摆脱了团队依赖性，无论是建模、贴图还是动画、后期制作技术，都要掌握。这也是每个动画创作者必须具备的专业素养。

如今，艺术与文化是互相依存的，中国动画一直在寻找一种新的表现形式、新的风格，而我国的传统文化正可以依托动画这个媒介得以传承，同时中国动画也可因我国传统文化的融入而更加富有内涵与创新。因此，我国动画需要这样的融合，为走向世界动画市场做准备，相信在不久的将来，中国动画在世界上也会拥有一席之地。

小设计，大关怀
——“微创新”在包装设计中的探索研究

作　者：李　晶　　指导教师：刘秀伟

摘要　包装设计“微创新”重视人们的所需所感，它从一个独特的视角让人们看到微小设计积少成多而爆发的真正力量。通过对商品包装进行“微创新”，使商品包装变得更具趣味性，延长商品包装的使用寿命，完善包装中存在的不足。包装设计“微创新”重视人们的情感体验和精神需求，在小设计中充满了人性关怀。

本文首先通过对“微创新”进行概述引出包装设计“微创新”这个重点概念，对包装设计“微创新”的受众及需求进行分析，总结出包装设计“微创新”具有实用性、环保性、趣味性三个特点。其次，从包装视觉元素、包装材质和包装结构三个方面对包装设计“微创新”进行应用分析，对优秀的案例进行归纳总结。基于上述理论分析，最后将包装设计“微创新”的设计方法归纳为：感官刺激法、互动体验法和障碍转移法。其中，感官刺激法、互动体验法是用于提升消费者的情感需求，通过“微创新”使包装更具亲和力，从而给消费者带来愉悦的消费体验。感官刺激法是运用五感联动，多方面、多层次地开发消费者的感官体验；互动体验法主要分为两种，一种是在商品包装的使用过程中与消费者产生互动，另一种是在商品包装的回收再利用过程中与消费者产生互动。而障碍转移法是包装设计“微创新”中完善包装设计实用功能的主要设计方法。从现有包装设计的缺点和不足着手，从包装的材质、结构、使用方式等方面出发，通过对其进行“微创新”而使原有的包装更加完善，增加包装给消费者带来的便利感。

关键词　包装设计　微创新　人文关怀

1　绪论

1.1　课题研究的背景

包装作为“无声的销售员”，与人们的日常生活息息相关，而且随着社会经济的不断发展，现在的消费者越来越重视商品之外的情感体验，设计巧妙、趣味环保的包装设计被越来越多的消费者所认可。乔布斯曾经说过：“微小的创新可以改变世界。”如今的包装在完成保护商品、传达产品信息等基本使命的同时，更加关注通过“微创新”带给人们的人文关怀。通过对包装中的字体、颜色、结构、材质等方面做出细微的改变，使原有的包装设计更加完善，在重视实用功能的原则上，提升消费者的情感诉求。

因此，人们从包装设计中得到的满足不再仅仅是它的功能，而是延伸出来的情感体验，可以说包装设计的重心已经从传统的物质功能向审美的精神功能转变。在包装设计中，一些看似“小”的设计，蕴含着对人、自然以及社会的“大”关怀，从“微创新”的角度对包装设计进行探索研究有一定的现实意义。

1.2　课题研究的现状

首先，从国内的研究现状来说，目前国内还没有明确从“微创新”角度研究包装设计的著作。笔者从“微创新”的独特视角对包装设计进行探索研究，其研究内容会与包装设计中的情感化、人性化的内容有交叉，但是由于题目的切入角度不同，因而在研究内容与方向上有着本质的区别。在笔者阅读的23本著作中，其中有3本涉及包装设计的情感化、人性化。例如，在王安霞主编的《包装设计》中指出了新的设计理念，如绿色包装、简约包装、人性化包装等，正逐步被更多的现代人所认识和接受，本书在这些方面也做了一些探索性的研究。在针对弱势群体的人性化包装设计一节中，本书就总结了针对弱势群体的包装设计方法，即补偿感官缺陷法、倡导环保节约法、体现民族特色法和平等对待法。通过检索知网发现，以"微创新"为关键词的文献有39篇，主要集中在企业经济、图书情报与数字图书馆、外国语言文字等学科，其中，与产品设计相关的论文有3篇，分别是《基于用户体验的产品"微创新"设计评价研究》《现代设计管理微创新的产品设计模式研究》《产品微创新的实施与对策研究》。但是，目前还没有从"微创新"这个角度研究包装设计的论文。

在《基于用户体验的产品"微创新"设计评价研究》一文中，作者通过"微创新"的视角来研究产品设计，主要从用户心理角度分析、讨论了在人与产品"微创新"设计关系中用户体验起到的作用。此文是基于用户体验基础上的产品"微创新"设计，而笔者则是从包装设计领域中探索研究"微创新"。

在《产品微创新的实施与对策研究》一文中，作者通过介绍企业产品微创新的概念，从审美元素、人性化、生态化、多功能化四个方面分析了产品微创新的发展趋势，并指出产品微创新的实施对策。此文侧重于对产品微创新的实施与对策研究，与笔者研究的课题并不相同，但是此文对产品微创新的发展趋势的研究对本论文有一定的借鉴意义。

在《现代设计管理微创新的产品设计模式》一文中，作者论述了提升产品附加值的九种方法，其中提到包装型微创新是"通过对形状、色彩、质感、风格等包装元素进行设计，创造出独特的用户体验，传递出产品和品牌的独有文化与内涵"。包装型微创新最终的落脚点是能够创造出独特的用户体验，与笔者探讨的包装设计"微创新"是两个不同的概念。因此，从"微创新"这一视角研究包装设计的学术资料仍然匮乏。

其次，从国外的研究现状来看，虽然没有形成相关理论，但是在一些优秀的包装设计案例中，蕴含了"微创新"的设计理念。例如，红点包装设计大奖得主，就是通过"微创新"把购物袋变身成衣架，从而延长了包装的使用周期。

1.3 课题研究的方法

（1）文献研究法。通过查阅相关文献，主要集中在"微创新"应用在设计领域的文献和包装设计中涉及情感化、人文关怀方面的有关资料，总结出包装设计"微创新"的概念、受众及需求分析和特点，力求对该课题有一个整体把握，保证研究思路和方法上的完整性。

（2）案例研究法。搜集蕴含"微创新"理念的国内外优秀包装设计案例，对其进行归纳、分析，总结出包装设计"微创新"的设计方法，为本论文的撰写提供理论依据。

（3）理论与实践结合法。通过对包装设计"微创新"的设计方法进行总结归纳，指导相关设计实践，力求找到理论与实践的契合点。

1.4 课题研究的意义

随着互联网行业的不断发展，不少学者对"微创新"在商业领域创造的奇迹给予了关注，此部分研究文章较多，但是从"微创新"的角度对包装设计领域进行研究的资料较少，基于"微创新"视角的产品设计也只是在少量文献中有所涉及。因此，将"微创新"观点应用在包装设计领域的理论研究可以填补相关方面的理论空白。从"微创新"的视角研究包装设计，在完成包装基本功能的同时，重视包装设计中具有的人文关怀，通过对包装设计进行"微创新"，使其符合实用性、环保性和趣味性的新时代包装设计的特点与优势。本论文通过探究包装设计"微创新"的释义、特点及代表作品，归纳总结出包装设计"微创新"的设计方法并指导自己的创作实践，从而为丰富现代包装设计提供一定的理论依据。

1.5 课题研究的创新点

本文的创新点有以下两个方面。

一方面，在研究对象上，以往对于“微创新”的研究多建立在产品设计、互联网等领域，本文则是以包装设计为主要研究对象，从“微创新”这一新锐视角出发，关注包装设计中通过“微创新”带给大众的人性化关怀。分析“微创新”在包装设计中的具体应用，探讨包装设计“微创新”如何回归以人为本的设计本质。

另一方面，对包装设计“微创新”的设计方法做了初步的探索，为今后包装设计的发展提供一定的参考和借鉴，为现代包装设计注入新的活力，并提供一种新的设计理论及发展趋势。

2 包装设计“微创新”分析

2.1 “微创新”概述

说到“微创新”，可能并没有被太多人所留意，但就是那些看似不起眼的小设计让我们的生活变得越来越美好：香港救护车的车身上“救护车”三个字是反过来写的，因为这样，前面的车在后视镜中看到“救护车”三个字就是正面的了，以便于及时避让；商品包装上的小锯齿让我们拿取食品变得更加方便和从容；有了45°瓶口的水瓶，不仅使我们喝水时不再需要仰脖，而且解决了在饮用机上接水的尴尬（图1）；寻找胶带的断口从来都不是一件容易的事情，但设计师Ke Dawei带来的凹面胶带会使这个问题迎刃而解（图2）。正如名字中所展现的，通过凹形的卷轴设计，使胶带在使用之后自然地与凹面形成一个缝隙，使得胶纸的断口变得显而易见。

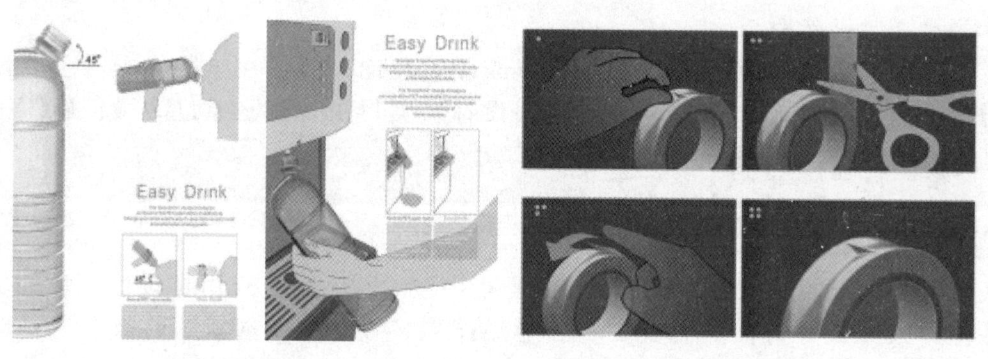

图1 45°瓶口　　图2 凹面胶带

通过以上事例可以说明“微创新”并不是发明创造新的事物，而是通过思考，去解决存在的问题，让人们的生活更加便捷。

2.1.1 “微创新”的由来

最早提出“微创新”的是乔布斯，他认为“微小的创新可以改变世界”，并且利用“微创新”造就了iPod的奇迹。iPod并不是第一款MP3音乐播放器，但是，此前的播放器存在体积笨重和重复播放歌曲少的设计缺陷。站在“怎样才能让使用者感觉更为方便”的角度上，iPod以设计和简约取胜：去掉了播放器上的LCD显示屏，只保留了随机播放的功能，没想到这却成为“耳塞族”的挚爱。他们不必再花上大量的时间去管理歌曲列表了，随机播放会让人在聆听音乐时产生期待，从而让收听变得充满惊喜。随后几年，苹果公司推出的iPod产品都是在之前的基础上进行“微创新”（图3），抓住每个细节，让用户体验达到极致，满足了人们的心理需求。

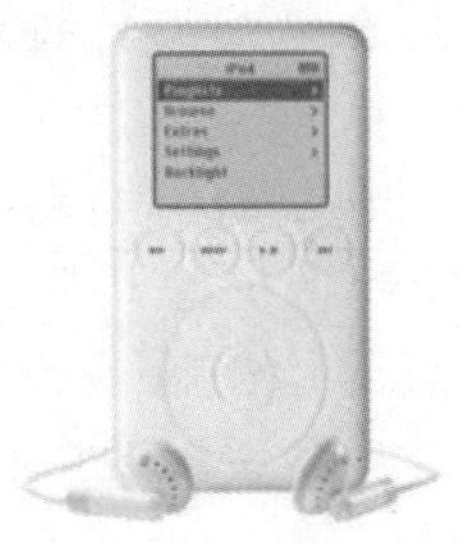

Apple iPod classic，2001　Apple iPod classic，2003　Apple iPod classic，2004

图 3　iPod 产品的“微创新”

“微创新”的灵感来源于生活，留意生活的各种细节，通过设计加以改善，从而使设计更具打动人心的力量。iPod提升了消费者的情感体验，创造了人和音乐之间的紧密关系。在他们看来，iPod已经不再仅仅是一件产品，而成为一种品位的象征。苹果公司通过“微创新”创造了一种被无数人认同和追随的生活方式，这帮助它在过去七年，尽管只推出了四个类型的音乐播放器，却占了全球播放器60%的市场份额；虽然只开发了一个型号四代机型的手机产品，却获取了最大的手机利润。

在国内，最早提出“微创新”的是360董事长周鸿祎。他认为：“你的产品可以不完美，但是只要能打动用户心里最甜的那个点，把一个问题解决好，这种单点突破就叫‘微创新’。”在发现所有的音乐播放器都没有播放歌词功能之后，千千静听对此进行了改善，从而取得了巨大的成功；暴风影音是把国外很多的解码器打包在一起，能播放各种常见的格式，靠这一件事就火起来了。由此可见，“微创新”的实质就是提升用户体验，背后蕴含着一种“以人为本”的关怀。

2.1.2 “创新”与“微创新”的分析

创新一词起源于拉丁语，原意有三层，即更新、创新、改变。我们今天提到的创新更多的则是指“创新”这个概念，它源自于1912年经济学代表人物熊彼特提出的创新理论：“创新是指以现有的思维模式提出有别于常规或常人思路的见解为导向，利用现有的知识和物质，在特定的环境中，本着理想化需要或为满足社会需求，而改进或创造新的事物、方法、元素、路径、环境，并能获得一定有益效果的行为。”

熊彼特在其《经济发展概论》一书中提出了影响深远的创新理论，而在近一个世纪后的今天，在他创新理论基础上发展起来的“微创新”正影响着越来越多的人和越来越多的行业。对于“微创新”，美国著名的营销学教授雅各布 · 戈登堡认为：“创新并非来自天马行空、惊世骇俗的发明，而多是通过在现有框架内进行微小改进，才使结果非同凡响、创意无限。这就是‘微创新’。”由此可见，所谓的“微创新”，并不是让你把过去的东西全部推翻，而是在过去的基础上不断进行调整和变化，能够洞悉原有设计的缺陷进行改良，就是“微创新”的精妙之处。“微创新”虽然与传统观念的创新有着区别，但是仍然被涵括在创新系统之内，是对创新更细致的解读。

2.2 包装设计“微创新”释义

什么是包装设计“微创新”？在进行解释前笔者先举个例子：这是一张通用包装纸板，因为它能够广泛地应用在所有产品的包装中。它为什么可以做到这一点？靠的就是瓦楞纸板上奇数形式的“米”字形穿孔线，它让包装纸板可以随着商品的任意形状进行包裹。所以这个小小的“孔”可以说是包装设计中的“微创新”（图4）。

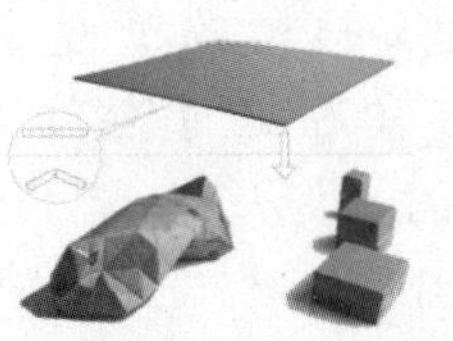

图 4　瓦楞纸板的“微创新”

到目前为止，还没有把“微创新”应用在包装设计领域的著作，因此包装设计“微创新”定义也就没有学术规范。笔者理解的包装设计“微创新”是在原有包装设计的基础上，以用户体验为主导，能够洞悉原有设计的缺陷并且从视觉元素、包装材料以及包装结构等方面进行改良与调整，从而使包装在功能上更完善，在情感上能够引起人们的共鸣。

可以说包装设计“微创新”是通向包装设计创新领域的一条通道，但并不是“捷径”。因为包装设计“微创新”需要留意生活的各个侧面，发现包装中存在的设计问题，并通过设计加以改善。

2.3 包装设计“微创新”的受众及需求分析

“艺术设计是对物的设计，也是一种对物的使用方式的设计。”细微之处的体贴，能够更加突显设计对需求的满足，呈现设计对人们日常生活的温暖和关怀。包装设计“微创新”就是从“小”处着手，给消费者带来更好的人文关怀。因此，包装设计“微创新”的受众是所有人群，既能重视普通大众的情感诉求，又能关爱弱势群体的心理需求。在进行包装设计时，将二者之间的需求综合起来考虑，利用“微创新”做出充满爱与关怀的设计，使包装包含除保护功能和实用之外的更多心理的、精神的需求，更好地为人服务，从而回归设计的本质——以人为本。

2.3.1 重视普通大众的情感诉求

现代营销学之父菲力普·科特勒认为，包装设计中的情感诉求是指“通过极富人情味的平面图形、图像及色彩等多种表现形式，满足、适应消费者的心理需求，激发消费者的情绪、情感，进而使之萌发购买动机，实现购买的行为”。在商品质量、价格等都同等不变的情况下，在进行包装设计时有必要让其成为情感的载体，重视大众消费的情感诉求，不仅能够触发他们购买的“心弦”，更重要的是满足消费者的精神需求。包装设计“微创新”就是从过去对功能的单一满足上升为对人的精神层面的关怀。在进行包装设计时赋予其更多情感的、文化的、审美的内涵，以丰富多彩的面貌适应不同层次的消费者。

首先，来看这个富有情趣的药品包装，打出的就是情感设计的王牌，充满了对人的关爱。药品在人们的味觉印象中一直是苦的、被排斥的，让患者从心底产生一种抗拒心理。但来自设计师Moon Sun-Hee的这款精美的、运用通感联想设计的药品包装使这一情况得到了改善。他通过“微创新”对原有的药品包装进行改良，把单调的药片排列方式重组成花瓣形状，宛若一朵朵盛开的花朵（图5）。他设计的这款花瓣包装的药片使人们在第一眼看到它时不会产生恐惧与厌恶，也不会给人带来过大的心理压力，这就很好地从视觉上调节了病人的心理状态。同时，在每片药背后的塑料板上也染上了和花瓣一样的颜色，使得每吃掉一片药，就如同一片花瓣绽放。柔和的色调让人不禁充满了对健康的向往，而且能够坦然地接受治疗，从而使吃药的过程变成了愉快有趣的体验。

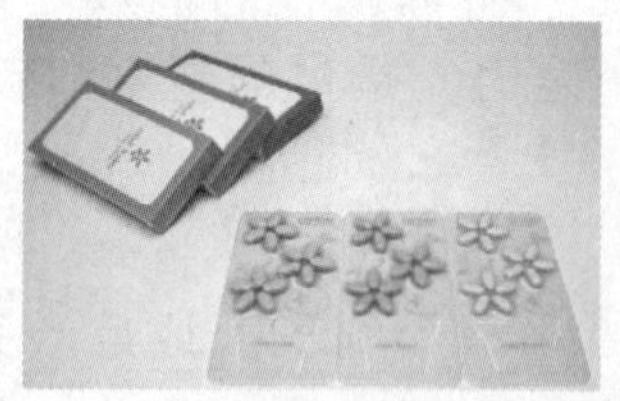

图5　药品包装的“微创新”

再比如Nike Stadium系列鞋的鞋盒设计，可以说是小鞋盒、新天地，打开以后映入眼帘的就是蓝天和绿地足球场（图6），使普通的运动鞋盒在方寸之间变得创意十足。Nike的这个鞋盒曾在2008年的戛纳广告节上获得了包装设计大奖。虽然只是在鞋盒中做出这点改变，但是给消费者带来的感受却是截然不同的。这就是包装设计中利用“微创新”

图 6　鞋盒的“微创新”

注重人的情感诉求的最好阐释，现在足球场有了，相信篮球场、排球场以后也会应运而生。

2.3.2 关爱弱势群体的心理需求

设计是为人服务的，但是社会大众的消费需求却是大相径庭，因此，需要对不同消费人群的需求有所了解和关注。在众多的消费群体中，弱势群体也是其中的重要组成部分。弱势群体狭义上指“身体和行为能力较低的人群，包括残疾人、老年人、妇女和儿童等”。相对来说，弱势群体需要在进行设计时给予更多的关注和爱护。例如，日本在法律中就明文规定，在酒类包装上应注有盲文。对于盲文的使用者来说，这种周全的包装设计会给他们的生活带来极大的便利。而对于盲文的发明者来说，把盲文应用在酒包装上可以算得上是包装设计中的一个“微创新”。当下，正是越来越多的这种“微创新”在发挥着越来越大的正能量，使我们的生活变得更美好。

在针对视障人群进行包装设计时，一方面我们可以增大字号，通过加强对比使信息更容易辨别；另一方面还可以通过盲文的有效应用来进行设计。图7所示为瑞典设计师Jage Land Hampus为有视力障碍人群特别设计的“ab”包装。该包装最大的特点在于简洁的包装装潢，加粗的英文字母“a”和“b”采用白色，和黑色的装饰图形形成了鲜明的对比，很容易被弱视者辨认出来。此外，他们还把可触摸的盲文应用到包装上，让视障人群通过触摸就能感知到包装上的主要信息。这种包装在设计时特别注意到了视障人群，通过对商品信息进行简单的调整，而使包装更容易被弱视者和盲人所接受，从而体现出包装设计中对人文关怀的追求。

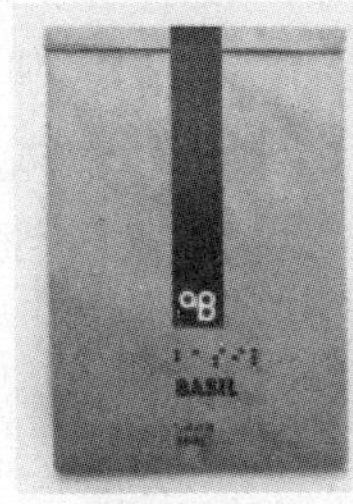

图7 “ab”包装

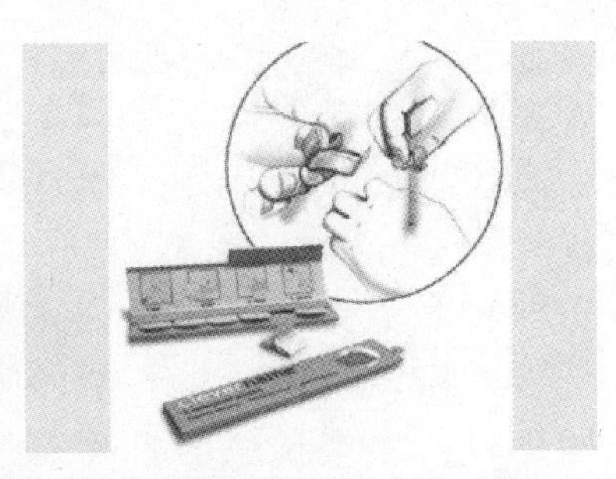

图8 Clever name创可贴的“微创新”

当我们的手指受伤急需创可贴进行包扎时，一只手往往无法完成操作，但是这款由皮尔逊·马修斯设计的Clever name创可贴就可以轻松做到这一点（图8）。他对之前的创可贴包装进行了“微创新”设计，扬弃了以前的包装款式改为折叠纸盒的形式，从而达到单手操作的目的。新的包装可以使创可贴直接置放在伤口上，只需使用者用手轻轻拉动它，并撕开上面标有“使用此线拉开”的图标，即可完成创可贴包裹伤口的全过程，两个皮瓣可以做到协助单个手指完成此操作。设计师曾说：“我所做的一切，是为了改变残疾人用药的困难，但是也要把提高效率摆在重要的位置。”打开包装盒，里面展示了其操作步骤，在包装上标有使用说明性文字、保护伤口提示等信息。这款创可贴包装设计，不仅具有保证产品处于无菌环境、提示消费者正确操作的功用，同时又能完美地展示产品，让我们展示出包装设计“微创新”中人性化的关怀理念。

2.4 包装设计“微创新”的特点

很多优秀的包装设计作品中蕴含了“微创新”的设计理念，笔者通过对其进行整理归纳，总结了包装设计“微创新的”的特点，即具有实用性、环保性和趣味性。下面将从这三点来一一论述。

2.4.1 包装设计“微创新”具有实用性

实用性作为包装设计的基本属性之一，主要体现产品的功能和作用，完成保护产品、传达基本信息的使命。包装设计“微创新”中实用性永远是最基本的考虑要素之一，通过对各种设计元素和设计方法的运用达到满足人们需求的目的。

爱喝酸奶的人都知道，盒装酸奶有个很浪费的现象，就是不能完全把酸奶喝光，或多或少总会有些剩余，有时为了把酸奶喝光也会显得颇为狼狈。韩国设计师设计的这样一款方勺子，只是在原来的基础上稍微做了一下变动（图9），就轻松地解决了这个小麻烦。

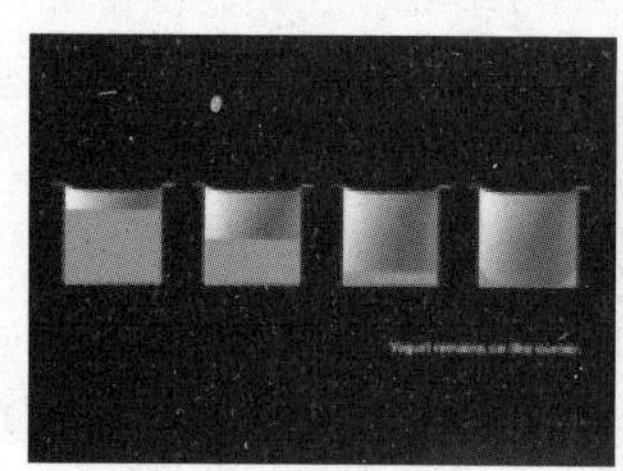
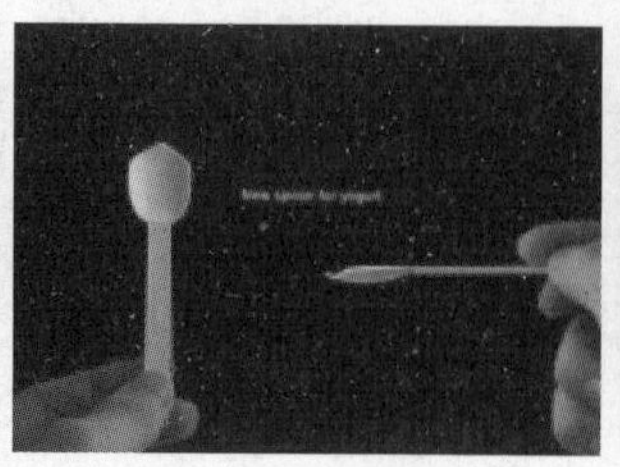
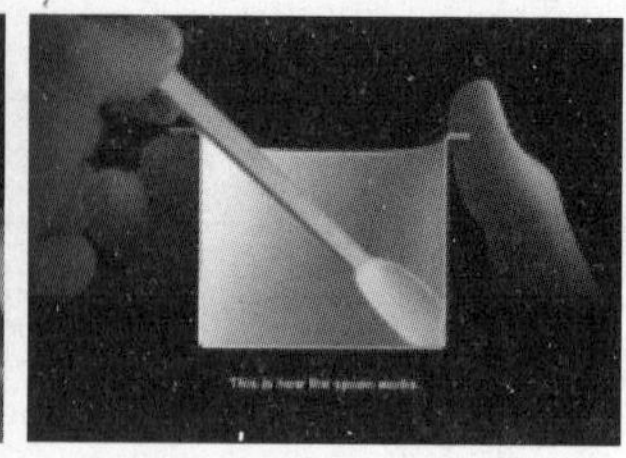

图9　酸奶勺子的“微创新”

2.4.2 包装设计“微创新”具有环保性

包装设计“微创新”除了具有实用性，还具有环保性，体现在对人和自然关系的深切关怀上。不论是在功能的设计还是材质的选择上，都要考虑到是否影响环境资源的“再生”。尽量运用能自然降解的材料，在设计上延长包装的使用周期，减少污染，保护地球以及我们赖以生存的环境。

从便携性以及绿色环保的角度出发，设计师Jo Sae Bom和Jeong Lan共同带来了“CUP.FEE”咖啡套装的概念——将即溶咖啡的包装盒和冲泡咖啡的杯子合二为一（图10）。这个包装采用防水的牛皮纸，里面装有咖啡粉末。在使用时沿着虚线撕开，撕开的封口可别扔掉，因为它可以作为搅拌棒使用。打开包装，就是一个可以冲泡咖啡的容器，只要往里面添加热水，一杯香浓可口的咖啡就出现了，非常适合人们出行时享用。一般而言，冲泡咖啡会产生咖啡包装袋与一次性纸杯两种垃圾，甚至还有搅拌木棒，从而产生大量的生活垃圾。现如今设计师将包装与杯子两种功能完美结合，并且利用可回收材质避免造成浪费，完美地展示了包装设计“微创新”具有环保性的特点。

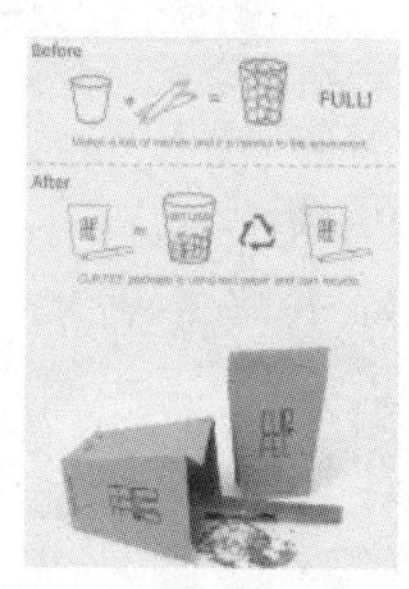

图10　咖啡包装的“微创新”

2.4.3 包装设计“微创新”具有趣味性

列宁说：“幽默是一种优美的、健康的品质。”在包装设计“微创新”中融入趣味性，使之富有个性的情感色彩，或高雅含蓄，或天真烂漫，或幽默诙谐，或自然纯朴。虽然设计力求简洁、实用，提倡少装饰，但适当的装饰不但不会影响包装设计的整体美感，反而能够凸显设计作品的趣味性和个性特征，为消费者创造快乐、愉悦的消费体验，是后现代包装设计的特色之一。

图11是一款女性比基尼包装设计作品，由设计师Han Ming Toh创作而成，其主要的亮点在于包装的装潢、开启方式与产品内容相映成趣。在外包装盒的主展示面上，由一位身材姣好的女性人物展示出“性感、健康、阳光”的形象，而该女性背后的结绳即是商品包装的开启所在，和前面的女性人物结合在一起，宛如一位身材婀娜的少女穿着比基尼，使人充满了无限的遐想。拆开结绳，打开扣盖，里面就是此款比基尼产品。这种利用逼真的人物照片作为包装的主题图形，采用与产品相关的图案进行装潢的设计方式，使该款包装在吸引消费者注目并准确传达产品信息

的同时，也产生了一定的诙谐趣味性效果。此款比基尼包装与传统的泳衣包装相比，其构思新颖时尚，结构简单大方，在抓住消费者眼球的同时又达到了销售的目的，用幽默的表现手法达到了一语双关的效果。

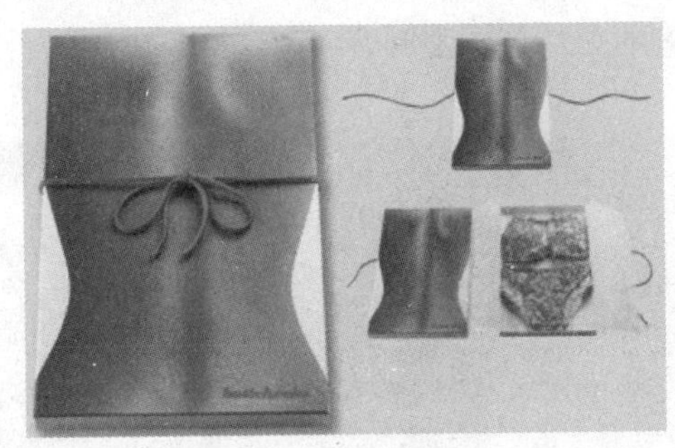

图11　比基尼包装

3　包装设计“微创新”的应用分析及设计方法

如今的商品包装已经不仅只有单纯的包裹商品的功能，在完成传播产品及信息的任务后，还逐渐承担起连接生产与消费的重任，成为一种融合“科学技术”与“艺术形式”的企业行为。现在，随着人们理智消费观的形成和环保意识的加强，包装设计正逐渐走向成熟，越来越多的好包装为今天的生活带来了便利，为市场增添了更多的精彩，同时，好的包装设计能陶冶人的情操，使人感受到生活的美好。在这些优秀的包装设计中，就蕴含着“微创新”的设计理念，在“小”设计中体现出“大”的人文关怀。

下面主要从包装视觉元素、包装材料和包装结构三方面对优秀的包装设计案例进行分析，阐述并总结包装设计中“微创新”的设计方法。

3.1　包装设计“微创新”与包装视觉元素

包装设计中的视觉传达要素，主要包括包装的色彩设计、文字设计、图形设计等。作为包装设计者，将所要传达的色彩信息、文字信息、图形信息合理地置放在包装容器和六面体包装结构上，在不违背人们视觉生理习惯的前提下进行巧妙地组织与编排，赋予包装设计新的生命力，从而产生强烈的视觉冲击力，在短时间内迅速捕捉住消费者的视线，使消费者产生好感。

3.1.1　易于识别的包装色彩

生活中的我们每天都可以接触到很多色彩和形状，想一想我们对哪种元素的反应最为迅速呢？是的，是色彩，色彩具有强烈的视觉感召力和表现力，是人体视觉诸元素中最敏感、反应最迅速的视觉信息符号。心理学研究表明，“人的视觉器官在观察物体最初的20秒内，色彩感觉通常占80%，而其造型通常只占20%；2分钟后色彩占60%，造型占40%；5分钟后，各占一半。”由此看来，当一款包装展现在人们眼前时，首先给人们留下印象的是色彩，它能够快速抓住消费者的视线，并引发联想与想象，从而产生购买欲望。

此外，色彩还是非常强大的视觉语言，对人的心理与生理会有着直接的冲击力和影响力，因此对人的情感产生最具感召力。色彩能使人产生通感联想，当看到红色、黄色、橙色这些暖色时，就会联想到火、热情、豪放等感性的情感意向；当看到绿色、蓝色、紫色这些冷色时，则会联想到雪、冰、冷漠等理性的情感意向。因此，在设计世界中色彩是具有情感的，能让人感到热情、温暖、雀跃、寒冷、平淡等情感体验。

对包装视觉元素中的色彩进行“微创新”，当这些色彩被更加准确地应用到包装设计上时，会让人有更加深刻的体验。

你是否经常购买牛奶呢？在购买牛奶的过程中你有没有过这样的经历：有的牛奶是需要冷藏的，而有的则不需要，可是怎么能快速地辨别呢？密密麻麻的文字说明会让你看得眼花缭乱……来感受下这组包装吧（图12），颜色偏淡的包装是需要冷藏的，色彩饱和度降低了，给人感觉像结了冰霜；色彩偏重的包装则是不需要冷藏的，色彩饱和度增强了之后给人的感觉就像高温蒸烤过了一样。这样我们就可以轻而易举地区分开它们了。

图 12　牛奶包装

如果每天吃一块巧克力，你希望它是不同口味的吗？现在，这款巧克力就会满足你的愿望。明治100%根据一年的天数推出了一款365个口味的全新设计，用不同的颜色做外包装来区分不同的味道（图13）。

图 13　巧克力包装

看到这个中国古代的红色传统礼盒，你会有什么感受呢？它竟然是耐克的包装。这是耐克为了迎接中国农历新年，专门针对中国消费者设计的一款具有浓郁中国特色的包装（图14）。这款名为AF1运动鞋的设计在色彩上采用了中国传统春节庆典中的大红色，透过“中国红”向消费者传递了亲切的信息，让消费者觉得耐克的产品就像家乡的产品一样离我们那么近。这正是耐克为了迎合中国消费者而进行的“地缘化”的设计，选用中国传统的色彩和礼盒形状，目的就是拉近和消费者之间的距离。

图 14　耐克运动鞋包装

3.1.2 奇思妙想的创意图形

包装设计的目的是要将包装内的商品推销出去，图形在其中就起到了“推销员”的作用。在包装设计中，图形是不可或缺的部分，它具有直观性、生动性、有效性和丰富的表现力，它比文字语言的传达更为直接、清晰，而且不受语言的限制，具有无国界性。通过奇思妙想的创意图形，对包装设计进行“微创新”，让简单的图形元素使原本平淡无奇的产品变得幽默而生动，给观众设置了智力上的挑战，只有破解它，观众才能了解品牌信息背后的真正含义。

与普通厨具相比，Scan Wood厨具显然在包装设计上更胜一筹，究其原因就是在其包装设计中恰到好处地对图形进行了“微创新”设计（图15）。这款厨具包装设计曾获得2011年度“十大包装设计奖”，在包装上巧妙地添加绿地、土壤、树根等具象图形，就好比这些布满纹路的木头餐具是从地里长出来，突出其“天然”的产品品质，呈现了一种原始、朴素的生活状态。Scan Wood希望向人们传递其产品的天然特点以及对生态环境无害的加工过程。通过在包装设计上加入一些简单的效果，Scan Wood的品牌效应就突显出来。这个品牌故事非常视觉化且易于理解，在不同地区和不同的语言环境下，消费者都会明白，其购买的产品是直接源于土壤、源于自然的。

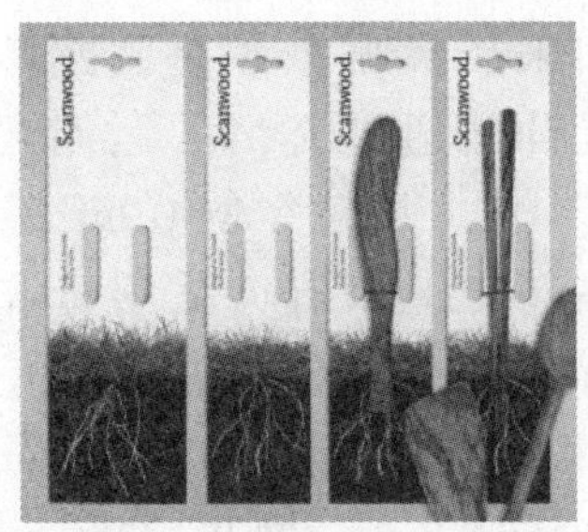

图 15　Scan Wood 厨具“微创新”设计

下面再来看这款Yarmarka Platinum谷物包装设计，用特殊的形式和颜色表现谷物，从而创造出简洁有力的图形符号（图16），让人们一眼就能从琳琅满目的货架上辨别出来。这款包装设计创意十足，做工简单，只需把封胶带的厚纸板抠出各种不同的形状就能达到吸引顾客的效果。纸板的黑色、镂空的图形和谷物本身的颜色巧妙地形成一种色彩鲜明的视觉语言，在商品货架上能够脱颖而出。这一设计策略让每种产品都有自己独特的视觉语言，同时还在情感层面上得到了区分。尽管没有新的投入，但产品在市场上的表现越发出众，远超竞争品牌，而达到这一切效果，就是运用了包装设计中的“微创新”。

图 16　Yarmarka Platinum 谷物包装

任何产品都希望通过独特的包装设计抓住消费者的视线，而这款特级橄榄油的包装设计同样是对包装设计中的图形进行了“微创新”——让一滴看上去非常逼真的油滴落在罐子外部，使其在超市食品货架上变得与众不同（图17）。这款名为Agrovim的罐装希腊特级橄榄油，在包装设计上采用了不同于常规橄榄油设计的符号语言：用简单的无衬线字体介绍了产品的信息，让一滴效果逼真的橄榄油滑落在罐体外面，为这款优质橄榄油产品做了最生动的诠释与解读。增加卖相的同时体现了“纯正橄榄油”的主题，让包装设计的目标直指人的心灵。

图 17　橄榄油包装的“微创新”

3.1.3 巧妙地运用文字互动

文字是记录语言和传达思想信息的书写符号，它是最直接、最有效的视觉传达要素。在当今飞速发展的信息社会里，包装、广告等各种印刷媒体上的信息都是通过文字的设计和编排迅速、准确地传播出去的。包装上的文字可以快速、准确地把商品信息传达给消费者，因此，文字在包装设计上有着举足轻重的地位。在包装设计“微创新”中，巧妙地运用文字与消费者进行互动，通过文字对包装的使用者进行引导，从而对该文字信息做出反馈。

不知你是否有过这样的困扰：在参加聚会时，人人都拿着同样的纸杯，在去洗漱间回来后，哪个才是我刚才使用过的呢？一款名为“ABC纸杯”的设计就通过文字的运用巧妙地解决了传统纸杯中的这个问题（图18），并且在2009年赢得了红点设计大奖。这款“ABC纸杯”在杯身上印有英文字母和各种颜色，纸杯使用者在使用时能够进行有效地区分。同时，使用者利用纸杯上的字母A到字母Z，还可以随意地组合出一些简单的英语单词、词组或者一句话。在这个过程中，使用者参与了单词的拼组，而组合后的杯子又给使用者以新的信息反馈。由此可见，通过对包装视觉元素中的文字进行“微创新”，不仅可以解决一些实际问题，还能够给使用者带来焕然一新的设计体验。

图 18　纸杯包装的“微创新”

下面再来看看这款运用文字互动设计而成的创意字谜礼品包装纸。如果没有红笔勾出的那串字母，这只是一张普通的印有文字的礼品包装纸；但仔细看看就会发现，这些勾画出的字母可以组成一个个单词，再由单词组成一句简单的祝福语。在赠送礼品时用画笔勾出你想要的祝福，一款写有美好祝福语的包装就产生了，这就是带有文字猜谜的包装纸。设计师利用文字与买家进行有趣的创意互动，在普通的包装纸上加上特殊排列的字母，便成了猜字谜游戏，只需要用笔勾出相应的字母组成单词，就能把你的祝福随着礼品一起赠送出去，不仅免去了买贺卡的钱，而且收到礼物的人一定会非常惊喜。当然，当礼品被拆开后还能继续玩字谜游戏。将文字巧妙地利用在包装纸上，使得本该拆开之后扔掉的包装纸现在却有了其他的用途（图19）。

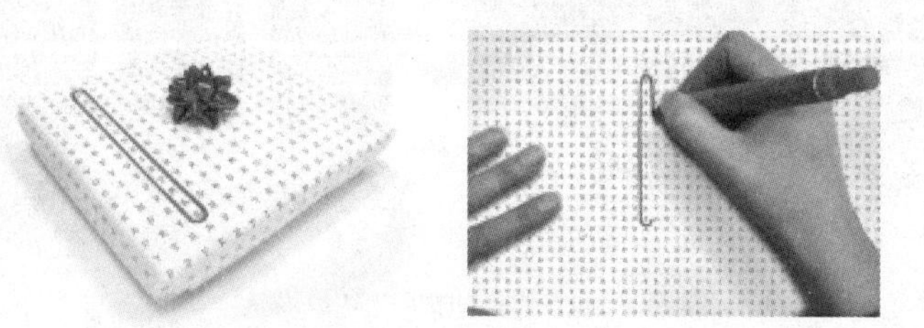

图 19　礼品包装纸的“微创新”

3.2 包装设计“微创新”与包装材料

包装材料是实现包装最基本的条件，如果没有材料，包装就很难完成。随着科学技术的不断发展，包装材料更是发生着日新月异的变化，越来越多的新型材料被运用于包装设计上，同时，新材料的运用也为现代包装形象的视觉设计带来了新的视觉语言和时尚美感。或许由于许多客观条件的限制，目前还没有办法在包装材料上进行创新，创造出一种令大众瞠目结舌的高超材料。但是可以在包装材料上进行“微创新”，将现有的包装材料进行一些小改变，使其释放出更多的能量。

3.2.1 巧妙折叠能包裹任何形状

瓦楞纸是包装中使用最多的包装材料之一。给朋友和家人邮寄物品时为了保护邮寄的物品，邮政局会给我们提供一个或大或小的瓦楞纸盒子。如果盒子的尺寸小了，不能承载物品；如果包装盒的尺寸大了，就需要许多的填充物，由此带来更多垃圾，造成环境污染。因此，创造新的包裹方式成了解决邮寄品包装设计的关键。诚然，现在许多邮政局都在致力于寻求解决方案。例如，邮寄包装盒的型号有YTQD1～YTQD12种之多，或者对包装盒进行循环利用。但是，这些方案都是治标不治本，不能从根本上解决问题。

2010年5月美国亚利桑那州Box Smart公司的设计师Patrick Sung利用可回收瓦楞纸板，设计出UPACKS——通用包装系统。他们首先把收购的旧瓦楞纸包装箱进行简单的裁切，留下平整的部分；然后，在上面设计出能够让瓦楞纸弯曲的奇数形式的三角射孔，这样就可使它四周形成奇特形状（图20）。在瓦楞纸板上压印的三角射孔形成“米”字形的压痕，它让包装纸板可以随着商品的任意形状进行包裹，不仅可以邮寄物品还可以给朋友带去惊喜。它能包裹的物品很多，如服装、鞋子等其他的软物品，甚至是刚性的产品，像一个时髦的可重复使用的水瓶，这种包装可以称得上完美。利用奇数形式的射孔线，可以包裹出一个具有个性风格的造型。同时，也可以根据物品的需要折叠成标准的六面盒。

可以看到这个UPACKS——通用包装系统是邮寄包装设计中最实用、最巧妙的。该模式很容易折叠并能在贴合物品的情况下包裹任何形状的邮寄品，同时也能保持结构刚度和对内容的保护，节省了包装填充材料、空间占有量、燃料和运输成本。此包装设计中不仅蕴含了绿色环保的设计理念，更是对包装材料“微创新”的典范。

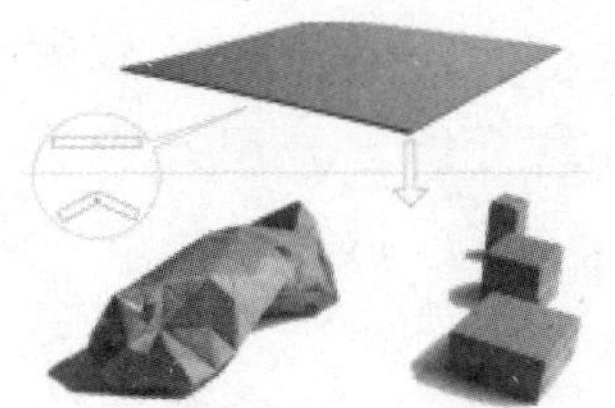

图 20　旧瓦楞纸的“微创新”

3.2.2 材料的更换凸显产品品质

中国是丝绸的故乡，丝绸以其艳丽的图案、精湛的工艺和优良的品质成为传播东方文明的使者，在世界文明史上留下了光辉的一页。西方人喜欢中国的丝绸，源于它自然的本质，其材质顺滑透气，具有天然产生的吸湿、放湿性和独一无二的保健功能，被誉为人类的“第二皮肤”。

曾经有一个包裹杭州丝巾的包装盒，原本使用的是纸盒包装，装潢上采用了中国敦煌壁画中的飞天形象，从包装的整体上看可谓精良，但是放置在国外的商场柜台中，却少有问津。设计师经过调查后得知，由于包裹严密，消费者看不到商品的“真面目”，从而不能感知丝绸给人带来的购买欲望。在得知此事之后，设计师对原包装材料进行了“微创新”，在包装主展面开了一个天窗，覆盖上透明度极高的赛璐珞片，使商品的面貌跃入眼帘，让消费者不用打开包装就能感受到丝绸独有的魅力，从而提升了产品市场占有率。可见设计师只是在材料的使用上进行“微创新”，就达到了事半功倍的效果。

3.3 包装设计“微创新”与包装结构

在为一个商品设计包装时，包装结构是设计师要考虑的重要因素之一。优秀的包装结构设计应该简洁而不乏美感。那些具备较强市场竞争力的包装往往都会在结构设计上独具特色。在包装结构上进行“微创新”，使得原本单调无味的包装变得丰富生动起来，并且不脱离实用性的根本，能够做到一个商品的包装结构能适应所有人使用，且使用的方法及指引简单明了，即使是缺少经验、无良好视力及身体机能有缺陷的人士也可以受惠而不构成“障碍”。不同能力的使用者在没有辅助的环境下，仍能顺利开启包装享用商品。

3.3.1 随型而作完成无结构包装

在对包装进行“微创新”时，有时不必大费周折探寻新的包装结构，平常的随意之举可能就会带来精彩创意。2011年马耳他BRND WGN私人庄园的红酒品牌，在庆祝成立一周年时使用了报纸这种无结构的包装形式作为红酒品牌的包装设计，纪念过去一年里的生活亮点（图21）。报纸的内容是企业的发展史，并印制了两个版本，一个印制在普通的新闻纸上，另一个印制在浅粉色的纸张上面。而且他们为每个瓶酒设计了一个瓶贴，印上可爱的形象标志和粉红色的年代标号，其中只有100个人能买到相同时间生产窖藏红酒。这就是2011年BRND WGN用代表自己形象的报纸派发给客户和朋友的圣诞礼物。BRND WGN无结构随行而作的红酒包装设计，非常有新意地结合了纸质和玻璃两种材料，同时又把创意和娱乐注入进去，让它成为一个独一无二的礼品。

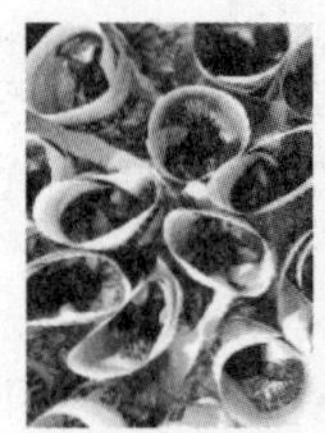

图 21　BRND WGN 红酒的“微创新”

无独有偶，2010葡萄酒也采用了这种无结构包装设计（图22）。2010是一款葡萄酒的名字，主要用来在庆祝新年时与朋友们分享。这一产品使用有机农业培植方法制成，不使用化学肥料和添加剂，它只有有限的2010瓶。标签包裹着瓶身，上面有产品的详细介绍，并用橡皮筋进行固定，取代了之前的粘贴方式。一旦酒喝完，瓶子可以回收，而标签可以作为海报传递这样一条信息：“感觉这会是美好的一年，干杯！”

图 22　2010 葡萄酒包装设计

3.3.2 展开结构内壁印制说明书

商品使用说明是商品包装中经常可以见到的一个附件，特别是在一些电子产品和高科技产品的包装中，如果没有相应的指导说明，很可能会使消费者束手无策。而在化妆品和药品的使用说明书上详细地列出使用方法、用量、注意事项等资料性文字更是不可以缺少的。因此，在绝大多数商品包装内都可以找到该商品的使用说明书。从小处来看，它方便了消费者的使用，但从长远来看，不但使包装程序复杂，还造成了纸资源和油墨的浪费。而取消说明书又是不可取的，包装设计“微创新”的力量在这时就显现出来。

来自美国科罗拉多州的品牌潘丽雅就在包装结构上进行了“微创新”，把说明书印刷在了包装内壁上，让商品包装和使用说明合二为一（图23）。他们不仅在产品制作上以生态平衡为概念，坚持取材于可循环利用的废旧纸张制作产品包装，连化妆品必要的附件——产品使用说明书，更是做到和包装盒有机结合，基本上旗下所有产品的说明书均印制在包装盒里面或者左右侧面，而无需另附纸张。

图 23　让包装和使用说明书合二为一

3.3.3 改变常规鞋盒包装新结构

厌倦了方方正正、一成不变的鞋盒之后，设计师们开始在鞋盒的结构上大做文章。不仅把强调产品主题、环保材质、可重复利用等设计理念都融入在这方寸之间，而且有些鞋盒改变了以往的常规结构，被设计成三角、六角或是圆形的几何形状。图24是一款具有非洲风情的AFRiCAN休闲鞋包装，出色的结构设计是这款包装中的亮点。售货员可能会遇到这种尴尬的事情：消费者想要的尺码在最底层，只有把上面的鞋盒全部拿开才能取出底层的商品，而这款包装通过对结构进行“微创新”则很好地解决了这个问题。把以往开盖式的结构设计成抽取式，方便开启的同时方便闭合，便于人们取出和放入。设计师通过对传统鞋盒的结构加以改进，不仅增强了包装实用功能，而且具有一定的趣味性。一个小小的人性化设计，就给销售人员和消费者都带来了便利。

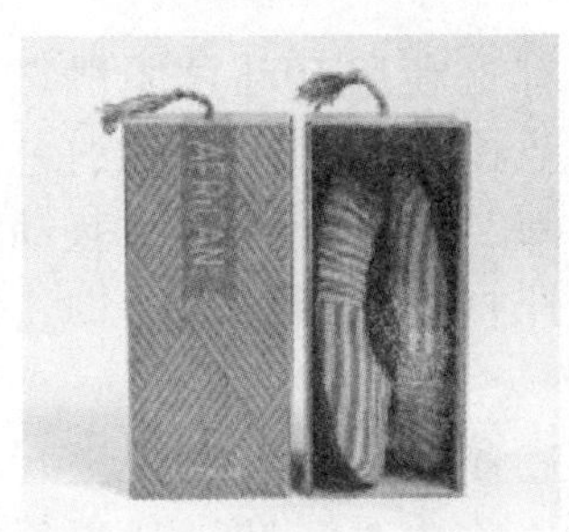

图 24　AFRiCAN 休闲鞋包装

3.4 包装设计“微创新”的设计方法

设计要以人为本，从“微创新”的视角研究包装设计是一种人性化的设计理念。它是以消费者为中心，通过对原有包装进行改良设计，使包装变得更具亲和力、更具实用性、环保性与趣味性，建立商品包装与消费者之间的情感联系，使消费者在认同商品包装的同时，轻松愉快地完成消费过程和使用过程，甚至是回收再利用的过程。通过上述对包装设计“微创新”进行的应用分析，下面主要从增加消费者的情感体验和完善包装设计的实用功能两个方面，就包装“微创新”的设计方法进行总结与归纳。

3.4.1 感官刺激法

对包装设计进行“微创新”，增加消费者的情感体验，如利用感官刺激法。所谓感官刺激主要是指利用人类的五种感觉——视觉、听觉、味觉、嗅觉和触觉，而引发的一系列的心理反应。随着经济的不断发展，人们对商品的包装设计也有了更高层次的需求，设计师在注重包装视觉元素的基础上，通过形、色、质等五感联动拉近包装与消费者之间的距离，满足人们的情感需求，带给消费者更多精神上的愉悦。感官刺激法借助设计的魅力，建立包装与受众之间的互动桥梁，体现人文关怀和个人精神的回归。

比如舒洁这款夏日水果系列面巾纸就充分运用感官刺激法对原有的包装设计进行“微创新”，使其无论在造型设计上还是在装潢设计上都给人耳目一新的视觉感受（图25）。在包装的造型设计上，以立体三角式的造型为特征，突破了传统纸巾的方形设计形式，增强了视觉冲击力。在装潢设计上，通过橙子、西瓜等各种不同水果切开后所呈现的内部形态和色泽来体现面巾纸的不同味道，使包装体现出一种清爽、明快的视觉感受，契合了“完美夏天”这一主题思想。在推出令人惊喜的“水果系列”后，舒洁又相继推出了“甜品系列”（图26）。在一顿丰盛的大餐之后，从栩栩如生的甜品系列纸巾盒中抽出带有甜品味道的面巾纸，相信会给消费者带来与众不同的情感体验。总体而言，舒洁推出的这两款系列包装以一种独特的仿生设计形式，给人一种强烈的视觉张力，充分调动了消费者的感官刺激，从而获得了良好的货架展示效果。

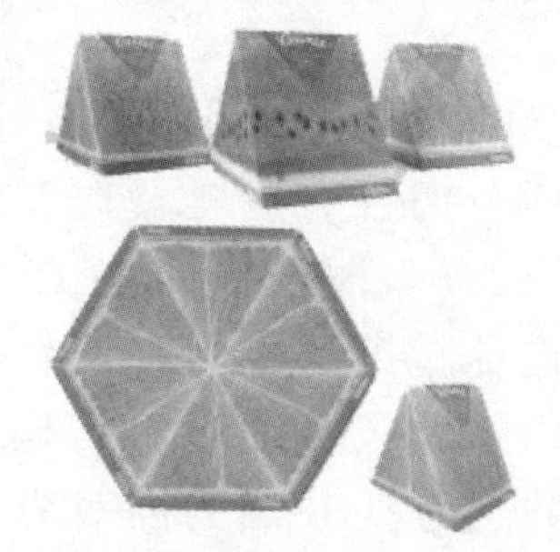

图 25 舒洁夏日水果系列面巾纸包装

图 26 舒洁甜品系列面巾纸包装

3.4.2 互动体验法

对包装设计进行“微创新”，增加消费者的情感体验，还有是利用互动体验法。巧妙地利用包装与消费者进行互动是最能打动消费者从而产生购买行为的有效途径之一。互动的范畴存在于人与人、人与物之间，更多的是人作用于物。本着“人人都是设计师”的设计理念，互动体验法通过让消费者与产品包装产生互动，满足消费者的设计欲望，体验设计自己生活方式的愉悦感，最终完成信息的反馈交流。

互动体验法主要分为两种方式：一种是在商品包装的使用过程中与消费者产生互动；另一种是在商品包装的回收再利用过程中与消费者产生互动。利用互动体验法对包装设计进行“微创新”，使得包装使用者参与其中，拉近商品包装与消费者之间的距离，增加商品包装的趣味性并延长其使用寿命。

首先，在包装的使用过程中与消费者产生互动。这是一款需要使用者参与其中的礼品包装袋（图27）。包装袋上刻有三角图形，将预先刻好的图形按照自己的构思翻折，就会露出包装内层的颜色，从而产生独特的视觉效果。充分发挥自己的创意，组成想要的图案，一款由自己动手设计、制作的礼品袋就产生了。这份特殊的礼品包装，包裹的不仅仅是普通的产品，更是一片浓浓的情意。

图 27 需使用者参与其中的礼品包装袋

其次，是从商品包装的回收再利用过程中与消费者产生互动。消费者自己动手，对废弃包装进行改造，使其可以再次利用，从而延长商品包装的使用周期。购物袋作为消费文化中的一种形式，受到越来越多企业和商家的重视。走在大街上，很多追逐时尚的年轻人手里都拎着印有“LV”“GUCCI”等奢侈品牌标志的购物袋。然而，这种包装形式也产生了很大的浪费，因为很少有人长期使用。所以设计师们多方寻找浮华、炫耀过后能够改变购物袋命运的新方案。2011年红点包装设计大奖的获奖作品，通过消费者的互动参与把纸袋转换成衣架，从而延长了购物袋的生命周期。这个纸袋是经过特别设计的，在材质上选用了再生纸，在结构上将折叠的底面进行了“微创新”，纳入一个钩子的形状。转换成一个衣架时，只需要用户展开底面，对准内置按钮，将它们扣合在一起，就完成了纸袋到衣架的转换（图28）。薄纸板组成的纸袋衣架有足够的坚硬度，放置在衣橱里悬挂衬衫等衣物不会有任何问题。购物袋的双重用途避免了浪费，改变了传统购物袋被抛弃的命运。

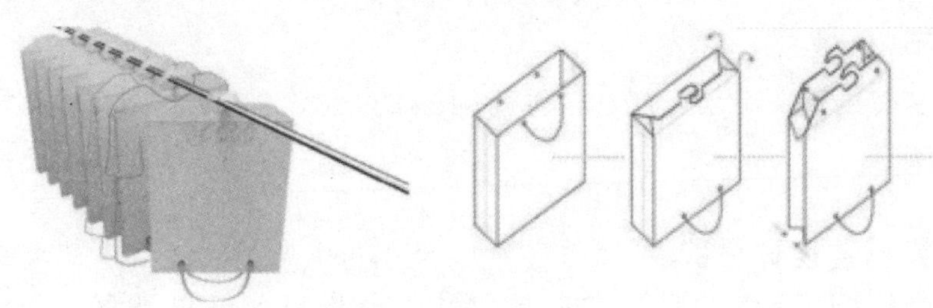

图 28　纸袋到衣架的转换

3.4.3 障碍转移法

日本设计师坪井浩尚说："缺点是创造价值的着力点。"大大小小的用品被不断加以改进，却始终有细小之处被遗漏，甚至连用户自己都会不小心忘记。然而这些看似不重要的缺陷正是当下设计潜移默化改变人们生活的突破口。障碍转移法与提升消费者的情感体验不同，主要是用于完善包装设计的实用功能。所谓障碍转移法，就是在对包装设计进行"微创新"时，从现有包装设计的缺点和不足着手，从包装的材质、结构、使用方式等方面出发，通过对其进行"微创新"而使原有包装更加完善。这种设计方法是在满足包装本身所具有的使用功能基础上，赋予包装新的价值，同时也开发了包装新的使用空间。

人们经常会在洗衣粉包装上看见洗涤说明，上面标注着多少件衣物用多少勺的洗衣粉为最佳。但是，大部分洗衣粉采用袋装的包装形式，里面并没有配备标准量勺，因此，在使用时经常是按照个人的使用经验随意添加。设计师留意到这一细节，通过对包装的开启方式进行"微创新"，带来了一款全新的洗衣粉包装设计（图29）。这款概念洗衣粉包装以环保的牛皮纸为材质，在其封口处由原来的一条直虚线变成了一道弯弯的虚线。使用时沿着虚线撕下来，封口就变成了一个标配量勺，从而方便人们按照洗涤说明定量清洗衣服。

图 29　全新的洗衣粉包装设计

4　设计实践——坚果包装"微创新"设计

4.1 选择对坚果包装进行"微创新"的依据

坚果营养丰富，每天食用适量的坚果能够补充人体所需要的微量元素，有益于身体健康。美国《时代》杂志就曾评选坚果为现代人的"十大营养食品之一"。作为人们茶余饭后的休闲食品，坚果成了人们日常生活中的不二选择。而包装作为坚果的载体，其设计也越来越受到人们的重视。坚果种类丰富，大都含有坚硬的外壳，人们在食用时果壳的存放和剩余之后的密封储存是目前市面上销售的坚果包装存在的主要问题。下面就以瓜子为例进行简要分析。

目前市面上销售的瓜子首先均以袋装为主，采用尖底结构，不能自行站立，放置不便；其次，包装内没有收纳瓜子壳的简易装置，食用后的瓜子皮无处存放。尤其当人们在公共场合食用时，瓜子壳不便于回收，容易造成环境污染；最后，在商品包装开启以后，如果一次性无法吃完，包装不可重复再封，剩下的瓜子很容易受潮，出现回绵现象。

因此，总结目前市面上的坚果包装主要存在包装开启后难以重复密封和坚果果壳不易处理这两类问题，并通过进行市场调研，做进一步验证与分析。

4.2 信息调研与分析

对坚果包装进行市场调研，通过发放调查问卷的形式，进一步对坚果包装中存在的问题进行分析与研究。

4.2.1 同类坚果包装设计分析

本次调查通过收集不同品牌的坚果类食品包装，分析目前坚果类食品包装中存在的问题，具体主要从坚果包装的开启方式、包装开启后的储存方式以及坚果果壳的处理等方面进行论述。

首先，从坚果包装的开启方式进行分析。通过市场调研，发现目前市面上流通的坚果包装主要分为袋装与盒装两种，其开启方式主要有撕开即食式（图30）、自封口式（图31）、拉环式（图32）这三种。撕开即食的坚果包装多采用塑料材质，在包装侧面有易于开启的凹形小口，方便人们食用。但是这种开启方式打开包装后无法重新闭合，如果坚果不能一次吃完，坚果的储存将会是一个问题；拉环式的开启主要是应用在塑料罐装的坚果包装中，这种开启方式便捷，开启后盖上盖子就能重新封闭储存，但是这种包装造价较高，并没有大范围应用；自封口这种材质通常与塑料、复合牛皮纸这两种材质结合使用。自封口在包装开启后，还能够再次闭合，较好地解决了剩余坚果受潮、落尘的问题，但是目前市面上自封口的坚果包装只占到较小份额，大部分仍然以撕开即食这种开启方式为主。

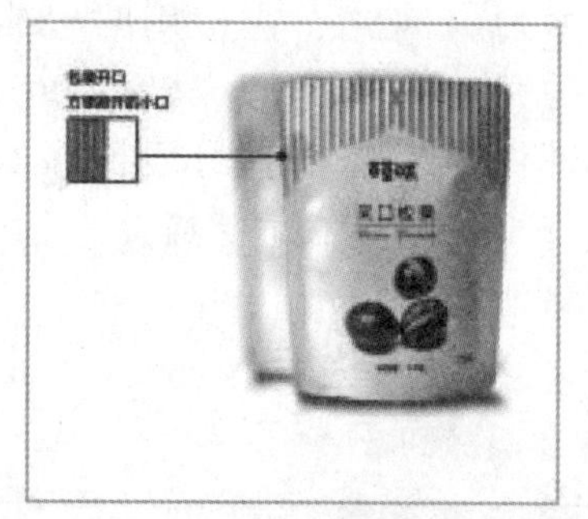

图30 撕开即食式

图31 自封口式

图32 拉环式

其次，是从坚果包装开启后的储存方式进行分析。坚果包装开启后，如果不能一次性食用完，通常人们需要对其进行防潮、防尘的储存。但是，目前的坚果包装除了自封口和罐装扣盖方式外，再没有其他能够给人们提供二次闭合的设计，人们通常是借助夹子、皮筋等工具来实现包装开启后的储存。

最后，是从坚果果壳的处理方式进行分析。通过调研发现，目前市面上还没有针对坚果果壳的收纳而进行的包装设计。坚果包装打开以后，包装内没有能够收纳坚果果壳的装置，人们在食用坚果后，剩余的果壳通常只能另外寻找收纳容器，如塑料袋、纸袋等。

4.2.2 坚果包装设计问卷调查及结果分析

针对坚果食品特性制订了相应的调查问卷，于2014年10—11月共计发放调查问卷196份，回收有效问卷196份。通过对调研结果的数据进行整理，初步得出以下分析结果：

问卷调查对象的年龄集中在10～35岁的人群（图33），其中过半人数是女性（图34）。这一年龄区间的人群主体也正是消费能力旺盛的主要群体，他们的意见反馈具有一定的代表性。

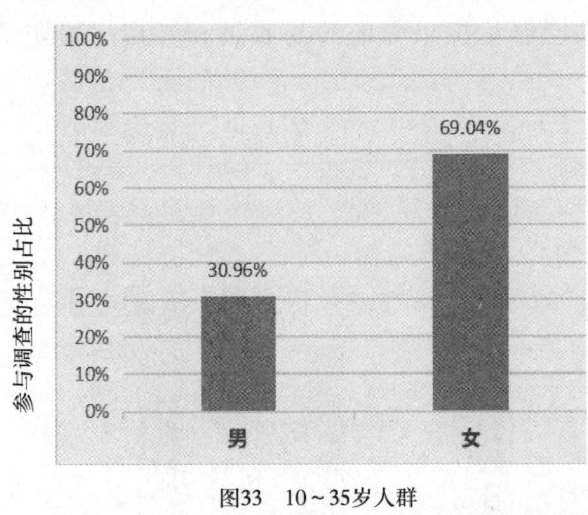

图33　10～35岁人群

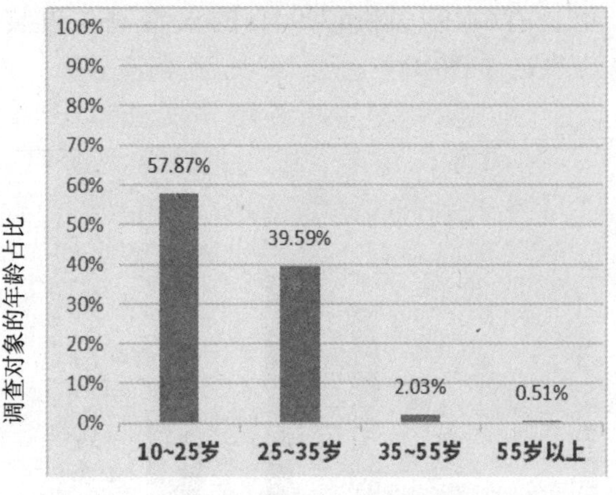

图34　女性人群

在随后的几个主要调查问题中，调查对象均有着鲜明的趋向性：有78.17%的人经常在家中食用坚果（图35）；人们食用瓜子、花生、板栗、开心果等带果壳坚果最多，都超过了50%（图36）。

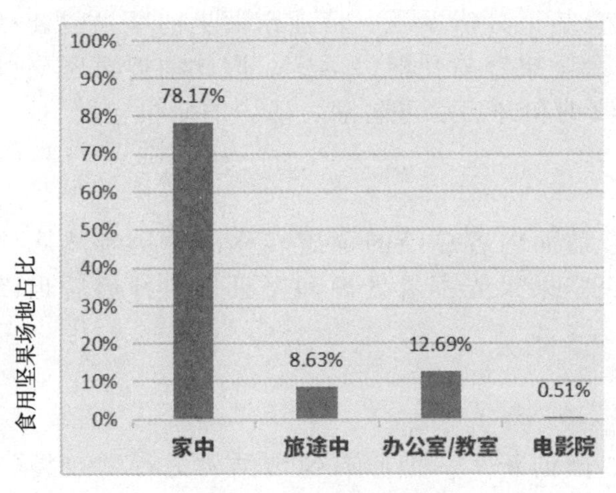

图 35　食用坚果的地点

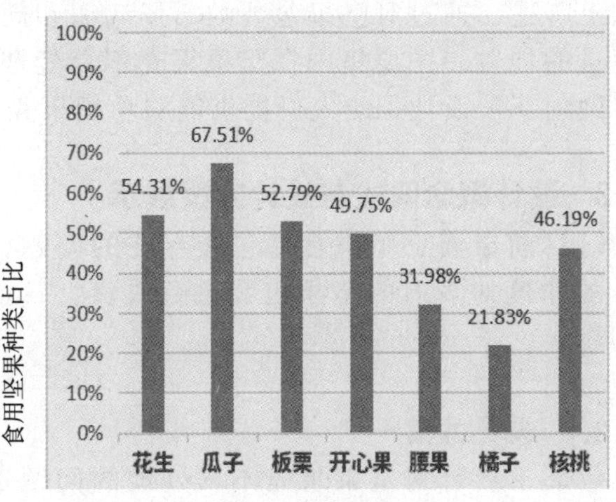

图 36　食用坚果的种类

有65.99%的被调查者在购买坚果时会注重其产品的包装设计（图37）；对于坚果的包装材质，有58.88%的被调查者更青睐于坚果包装使用牛皮纸而非金属、玻璃和布等其他材质（图38）。

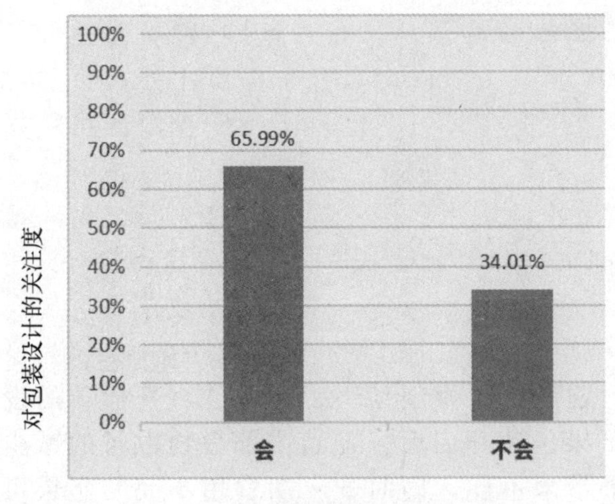

图 37　注重包装设计人群

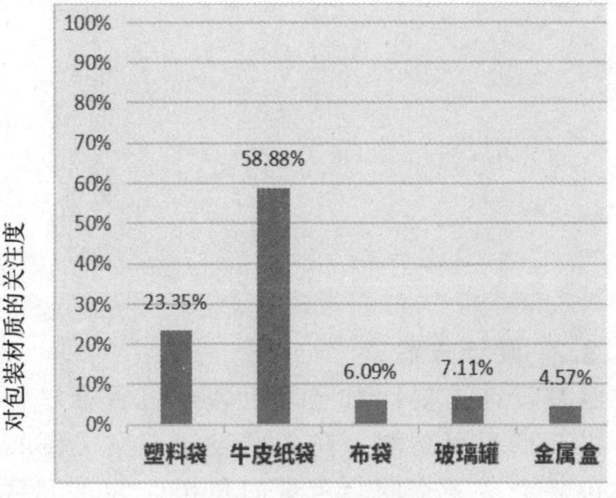

图 38　注重包装材质人群

认为坚果果壳不易处理以及坚果包装开启后难以存放的人群比例分别为73.6%和63.96%（图

39）；更是有64.97%和62.94%的人希望在包装中提供能够承担果壳的简易收纳和开启后可防潮防尘的包装改进（图40）。

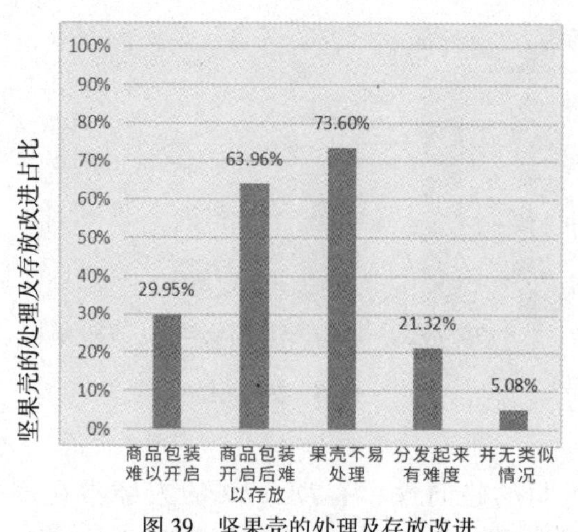

图39　坚果壳的处理及存放改进

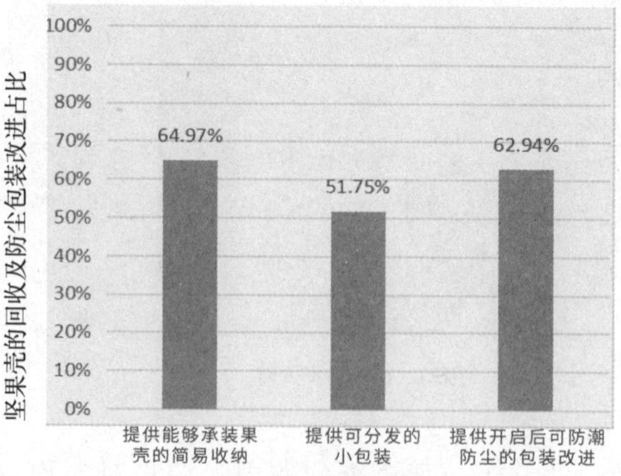

坚果壳的回收及防尘包装改进占比

提供能够承装果壳的简易收纳	提供可分发的小包装	提供开启后可防潮防尘的包装改进
64.97%	51.75%	62.94%

图40　坚果壳的回收及防尘包装改进

综上所述，通过对坚果包装的市场调研和问卷调查结果分析发现，目前市面上的坚果包装存在需要改进的地方，主要集中在坚果果壳不易处理和剩余坚果容易受潮、落尘。因此需要对坚果包装进行“微创新”设计，给人们提供能够承担果壳简易收纳和开启后可防潮、防尘的坚果包装。

4.3　设计概念阐述与设计方案展示

针对目前市面上坚果食品包装存在的问题，结合前面内容总结的障碍转移法，笔者试从“微创新”的角度对现有的坚果包装进行改良，从而解决坚果果壳不易处理和坚果包装开启后难以存放的问题。

4.3.1　设计方案一

此包装主要针对坚果果壳不易处理的问题进行“微创新”，把原有包装结构进行“双袋”设计，在包装内增加一个隔层，将原有包装设计成主、副两个包装袋，从而设计出一个能容纳坚果果壳的收纳袋（图41）。打开后，主袋用于放置坚果，副袋可以用来放置坚果果壳。同时这个包装采用平底结构，可以使纸袋平稳站立，方便人们使用。

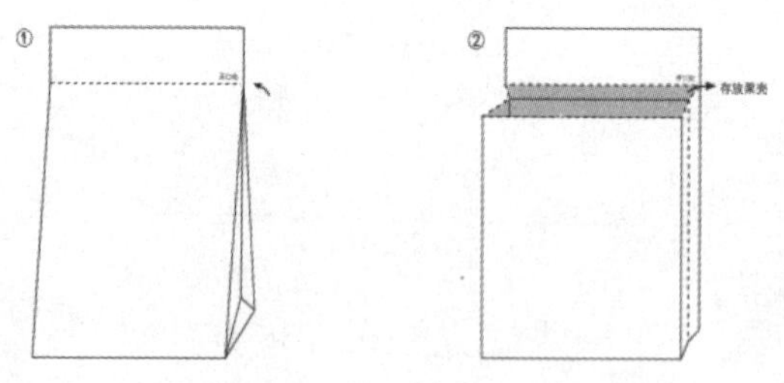

图41　主、副包装设计

4.3.2　设计方案二

此包装设计主要针对坚果包装开启后难以存放的问题进行“微创新”，通过“双开口”的设计提供坚果开启后可防潮、防尘的设计方案（图42）。坚果包装开启后，随着内部食物数量的减少，原本的包装会成为空间与重量的负担，为人们拿取坚果带来不便。同时，一次食用不完的坚果可能会因为无法再次封闭的包装而散落、受潮或受到污染。因此，将原有包装设计进行双开口的“微创新”，把原有包装设计成两个开口。当传统的第一次开口位置不再适用于剩余的食物量时，人们可以进行第二次开口。从第二次开口的位置将不需要的上层包装撕掉，通过两个线圈及线绳将散开的包装重新闭合，不仅能够及时避免食物散落或受潮，而且可以反复开启封装。这个包装设计同时将互动性融入其中，使消费者自己动手就能改变其包装结构，可以随时随地达到节省空间的效果。

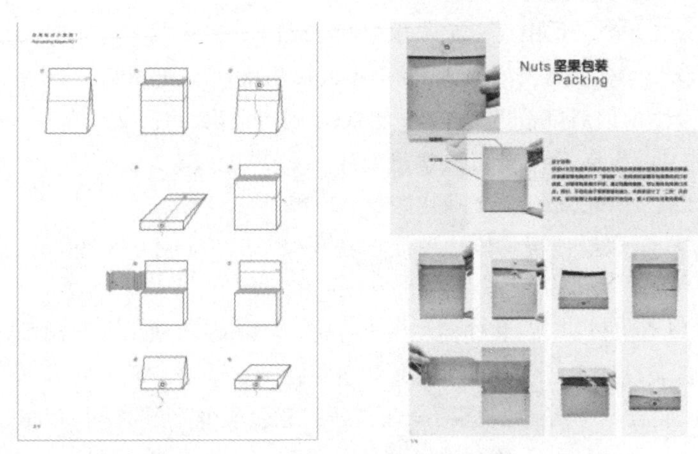

图 42　“双开口”防尘、防潮“微创新”

结语

科技改变生活，而设计改善生活，是设计让生活更加精彩。诚如日本设计师原研哉所说：“设计在哪里？最令我们视而不见，习焉不察，而恰恰又离不开的大概就是设计了。”日常生活具有无限的可能性，只有善于观察一般人习以为常之事，从细微处入手，才会拥有打破常规的能力。在不断反思包装设计“微创新”究竟是什么的过程中，我得到答案：不是漂亮，不是搞怪，也不是彻底地从无到有的过程。其本质就是不断观察、不断蜕变、不断完善、不断超越平凡的过程，通过小设计带给人们人文关怀。

本论文从“微创新”这一新锐视角对包装设计领域进行探索研究，通过对大量蕴含“微创新”理念的包装设计案例进行分析，总结出包装设计“微创新”的概念和相关设计方法，对“微创新”在包装设计领域的应用进行了初步探讨。虽然“微创新”在互联网行业取得了巨大成功，但是专门研究“微创新”的理论并不成熟，而把“微创新”概念应用到包装设计领域的学术著作更是屈指可数。因此，本文在研究过程中对“微创新”及相关理论的总结是根据笔者经验而谈，缺乏相关学术规范。这需要在以后的探索中对此进行更深层次的理论研究。

简单即是生活。即使生活中最微小的设计物，都可以触动人们的心灵体验，给人们提供更多便利。因此，所有设计物背后都有一种以人为本的关怀存在。从“微创新”的角度出发，更加关注人文关怀的设计是未来包装设计发展的方向。包装设计“微创新”的目的就提升消费者的情感体验，完善包装设计的实用功能，从而使包装更具亲和力，提升消费者的情感体验。“微创新”已经成为21世纪世界互联网发展的新趋势，相信在未来，包装设计“微创新”也会在设计行业中呈现更好的发展态势，为人们的生活增添更多的色彩和趣味。

参考文献

[1] 殷亮，武改翠，熊微. 现代设计管理微创新的产品设计模式研究 [J]. 无锡商业职业技术学院学报，2012（3）：97-101.

[2] 丁庆龙. 微创新：撬动地球的新支点！[J]. 华人世界，2011（9）：22-23.

[3] 吴怀宇，程光文，丁宇，等. 高校学生创新能力培养途径探索 [J]. 武汉科技大学学报：社会科学版，2012（3）：334—336.

[4] 博迪，戈登堡. 微创新：5种微小改变创造伟大产品 [M]. 钟莉婷，译. 北京：中信出版社，2014.

[5] 王玉萍. 源于设计善意的微小设计 [J]. 中国美术，2013（3）：122-123.

[6] 栀梓. 包装设计中的情感诉求 [J]. 上海包装, 2006（6）: 28-29.
[7] 梁晨. 多感官无障碍包装设计的开发与应用研究 [D]. 天津:天津理工大学, 2012.
[8] 耿凌艳. 包装设计 [M]. 上海:上海人民美术出版社, 2007.
[9] 余杨, 夏佳. 体验设计 [M]. 沈阳:辽宁美术出版社, 2012.
[10] 原妍哉. 设计中的设计 [M]. 朱锷, 译. 济南:山东人民出版社, 2006.
[11] 金错刀. 微革命：微小的创新颠覆世界 [M]. 北京:印刷工业出版社, 2010.
[12] 王安霞. 包装设计 [M]. 南京:南京师范大学出版社, 2012.
[13] 刘秀伟. 挺进零包装 [M]. 北京:化学工业出版社, 2012.
[14] 彼得·扎克. 红点奖:全球最佳视觉传达设计年鉴2008/2009 [M]. 赵璐, 译. 大连:大连理工大学出版社, 2009.
[15] 深圳市艺力文化发展有限公司. 包装你的生活Ⅱ [M]. 大连:大连理工大学出版社, 2010.
[16] 朱和平. 世界经典包装设计 [M]. 长沙:湖南大学出版社, 2010.
[17] 林庚利, 林诗健. 包装设计+:给你灵感的全球最佳创意包装方案 [M]. 杨茂林, 译. 北京:中国青年出版社, 2013.
[18] 加文·安布罗斯. 创造品牌的包装设计 [M]. 张馥玫, 译. 北京:中国青年出版社, 2012.
[19] 王绍强. 新包装 [M]. 艺术与设计杂志社, 译. 成都:四川美术出版社, 2010.
[20] 马克·汉普希尔, 基斯·斯蒂芬森.分众包装设计 [M]. 杨茂林, 译. 北京:中国青年出版社, 2008.
[21] 莎拉·罗纳凯莉,坎迪斯·埃利科特.包装设计法则:创意包装设计的100条原理 [M]. 刘鹏, 庄葳, 译. 南昌:江西美术出版社, 2011.
[22] 今井政明, 等. 无印良品 [M]. 林慧银, 译. 桂林:广西师范大学出版社, 2010.
[23] 唐纳德·A·诺曼.设计心理学 [M]. 梅琼, 译. 北京:中信出版社, 2010.
[24] 蒂莫西·萨马拉. 设计元素：平面设计样式 [M]. 齐际, 何清新, 译. 南宁:广西美术出版社, 2008.
[25] 刘洋, 朱钟炎. 通用设计应用 [M]. 北京:机械工业出版社, 2010.
[26] 周至禹. 艺术设计思维训练 [M]. 北京:高等教育出版社出版, 2012.
[27] 海军, 邵建伟. 设计交锋 [M]. 重庆:重庆大学出版社, 2012.
[28] 刘秀芳, 李金亮. 设计大搜索:简约风格设计专辑 [M]. 天津:天津大学出版社, 2011.
[29] 中国包装联合会设计委员会. 中国设计年鉴:2010—2011 第8卷 [M]. 北京:九州出版社, 2012.
[30] Victionary. It's A Matter of Packaging [M]. America: Gingko Pr Inc,2005.
[31] 张奕琦. 包装设计中的人性化设计研究 [J]. 现代装饰：理论, 2014（6）: 70.
[32] 王丽娜, 李彬彬. 基于用户体验的产品“微创新”设计评价研究 [J].价值工程, 2012, 31（20）: 28-29.
[33] 孙兆刚. 产品微创新的实施与对策研究 [J]. 科技进步与对策, 2014（7）: 69-73.
[34] 王文萌. “小”设计中的“大”关怀:从中国传统设计思想看当今设计中的人文理念 [J]. 设计, 2012（2）: 248-249.
[35] 谢春林. 现代商品的人性化包装设计 [J]. 包装工程, 2005（6）: 208-209.
[36] 陈莹燕, 李蔓丽. 现代包装设计中的多感官表达之探讨 [J]. 装饰, 2011）2）: 96-97.
[37] 王一博, 邱小松. 以体验为导向的交互式包装设计 [J]. 包装世界, 2010（4）: 108-109.
[38] 王安霞, 魏旭. 基于弱势群体心理需求的商品包装设计研究 [J]. 包装工程, 2010（14）: 57-69.
[39] 刘秀伟. 利用包装结构实现低碳新理念 [J]. 中国包装工业,2013（2）: 51-53.
[40] 张翠. 基于情感体验的包装设计研究 [D]. 武汉:武汉理工大学, 2009.
[41] 宋艳杰. 商品包装的情感化设计研究 [D]. 郑州:郑州大学, 2013.
[42] 高懿君. 论我国现代包装设计的创新 [D]. 兰州:西北师范大学, 2008.
[43] 赵盈盈. 人性化包装设计探究 [D]. 济南:齐鲁工业大学, 2013.
[44] 王伟玉. 人·包装·自然 [D]. 淄博:山东轻工业学院, 2012.
[45] 马婷. 自然形态解构在现代包装造型设计中的应用研究 [D]. 齐齐哈尔：齐齐哈尔大学,2013.

书中的视界——书籍设计中阅读方式的多样性研究

作　者：鲁　骏　　　指导教师：夏小奇

摘要　书籍设计中的阅读方式能够促进读者与书籍之间的情感交流，达到两者沟通的互动水准。它是书籍阅读过程中的一个重要组成部分，也是设计者所不能忽视的部分。论文围绕纸质书籍设计中的阅读方式展开研究，将阅读方式的多样性作为研究重点，旨在探索人与书籍阅读的关系。文章首先对书籍设计中阅读方式的概念进行界定，进而分析了阅读方式的特点、影响因素以及阅读方式的作用，详细论述了阅读方式的拓展方法，并结合具体的实践创作，介绍了作品设计方案的立意与实施过程，力求把新颖、独特的阅读方式应用于书籍的设计中。阅读方式的创新能为阅读者带来更加愉悦的阅读体验，使书籍阅读的意义与价值得到提升。让我们一起感受书籍阅读多元化的美，走进书中的世界吧！

关键词　书籍设计　阅读方式　多样性

1　绪言

1.1　概念界定

阅读方式一词的含义较为宽泛，它可以根据一定的衡量标准进行分类。若以是否发音为标准，它可以分为朗读与默读；若以阅读程度的深浅为标准，它可以分为精读与泛读；若以读者的阅读流程为标准可分为线性与非线性阅读。本文主要是在传统纸质书籍的范围内对阅读方式进行研究。对于纸质书籍来说，阅读方式通常是指人们从各类书面材料中取得信息的方式与方法。其中，书面材料主要包括一些文字、图形、符号等。

纸质书籍的阅读方式也具有多样的变化。考虑到读者对象的年龄、民族、职业、文化背景、审美观念、阅读习惯的不同，不同的人有不同的阅读方式。面对不同的书籍类型，阅读方式的灵活性会更加明显。对于小说类的书籍，通常会以一种休闲、惬意的方式来阅读，将书放在弯曲的膝盖上、坐在沙发上或在地板上、躺在床上，或趴在被窝里；而对于珍藏本类的书籍，会以一种观赏的方式来阅读它们，将它们平放在桌子上，或把它们放到玻璃柜中进行观看，有时甚至还要戴上手套来触碰它们。

然而，上述这些各式各样的阅读方式主要是通过改变人们的阅读姿势、阅读地点来实现的，或是依据读者的阅读环境、人们的阅读习惯而定，并不是通过设计而对阅读方式所做的改变。在纸质书籍设计的语境中谈阅读方式，限定的范围是设计，因而，它们并不是书籍设计中的阅读方式所要研究的重点。

书籍设计是一个完整的概念，书籍设计的含义应是指开本、字体、版面、插图、封面、护封以及纸张、印刷、装订和材料的事先设计艺术，也就是从原稿到成书应做的整体设计工作。它强调一种整体性，是一个系统化的工程。据此，书籍设计中阅读方式的改变与书籍的各要素之间有着密切的联系。

笔者以为，对书籍设计中阅读方式的研究，主要是通过设计者对书籍的形态结构、色彩层次、版式编排、空间关系等方面的设计与改良，为读者的阅读带来新意。它是通过设计的语言来使读者的阅读方式更加多样，而这种多样性更多地在于书籍作品本身，在于设计者对书籍本身所进行的改变。这种阅读方式的实现在于读者和书籍作品之间的相互关系。设计者将读者的参与行为纳入书籍阅读的一个步骤，让读者从阅读中感知设计的魅力，在两者之间创造互动交流的机会。并且，这种主动参与和书籍互动的关系是建立在书籍所要传达的内容之上的，整个互动过程应是有视觉吸引力的，有读者的回馈，同时也是充满乐趣的。本文论述中所涉及的阅读方式也主要是基于这一层面上的探索。

1.2 选题依据

近年来，“世界最美的书”的获奖作品受到了越来越多人的关注，它向我们展示了许多成熟的设计创作。欣赏历年来世界最美的书，让读者体会到设计者精心的创作态度，也让人们清楚地认识到书作为媒介的独特之处，并感受到书籍阅读的多元化美感。“世界最美的书”不仅在一定程度上呈现了当今优秀书籍作品的水平及面貌，也推动了书籍设计的前进步伐。这些获奖作品虽包含了诸多设计理念与艺术创新，各有其与众不同之处，但它们的共同点是使书籍的阅读变得更美，让读者感到充实与温暖。

其中，一部分作品在书籍的阅读方式上为读者带来了新意。例如，2007年“以纸裁纸”的《不裁》，2012年具有东方艺术韵味的《剪纸的故事》，2014年德国的设计作品《布赫那·布鲁德纳——建筑集锦》（*Buchner Bründler - Bauten*）。设计者在展现书籍阅读美的同时，将读者的阅读方式也融入到书籍的设计与创作之中，这引发了笔者对书籍设计中阅读方式的关注。如果能在读者已经习惯了的阅读方式上加以变化和创新让它更加多样化，岂不是会让纸质书籍发挥更大的价值？

为此，笔者通过走访北京的王府井书店、西单图书大厦以及PAGE ONE等一些大型的书店，并在网络上搜索了大量国内外的书籍设计作品作为重点调研的对象。面对书店里琳琅满目的图书，笔者发现一些儿童类的读物，在阅读方式上进行创新的作品比较多，而大多数商品书往往受到信息传达与成本等因素的限制，在阅读方式上进行创新的作品较为少见。为更深层次地探究书籍设计中阅读方式的无限可能，笔者对阅读方式的多样性进行了研究。

读者透过“最美的书”了解世界，书中同样有一个美丽的世界值得我们去探寻。当我们翻开一本书时，它向我们展现出了一个由众多元素汇集而成的精彩世界：文字的世界，图像与美学的世界……它是一个基于看的世界，是关于阅读的世界。因此，笔者将其谐音为“视界”。“视”有视觉的含义，与看相关，是看待事物的方式，是一种观念。“界”有境界的内涵，与界限相关，是一个可变而又多变的范围。“界”有限，而“视”无限。书中的视界，是在书中有限的范围内发挥无限的想象力，在设计中思索阅读方式的无限可能性，力求在书籍这一广阔的天地中呈现给读者一个独特的视界。

1.3 研究现状

在关于书籍设计与阅读方式的学术论文方面，笔者通过在中国学术文献总库进行检索，共筛选到相关的学术论文9篇。其中，硕士论文3篇、期刊论文6篇，谈及书籍阅读与被阅读的文章有1篇，涉及以读者的阅读体验为出发点进行撰写的文章有4篇，涉及书籍设计中阅读重要作用的文章有2篇，涉及书籍设计与书籍阅读关系的文章有1篇，从人性化的角度谈阅读方式对书籍设计的影响方面的文章有1篇。笔者通过梳理与总结，发现目前的研究更多集中于阅读对书籍设计的重要作用方面，而有关书籍阅读方式的研究理论相对较少。在书籍设计的范畴内，尚未有人针对阅读方式的多样性进行探讨。

在与之相关的论著方面，国内由李德庚主编的《固态阅读》一书以及由王绍强编著的《书形》中详细介绍了一些作品在书籍阅读方式上进行的创新，但还没有单纯以书籍的阅读方式作为研究内容的著作。国外针对书籍设计方面的研究以欧洲和日本较为突出，尤其是日本的杉浦康平先生对书籍设计的研究是非常深入和全面的，其在著作《造型的诞生》中的第八部分，对一本书的构造与诞生过程作了深入浅出的分析。他认为书是影响周围环境的生命体，书籍设计是寻找宇宙万物的共通性和包罗万象的情感舞台。将其理论与本选题的研究方向相结合定会丰富论文的内容。由阿尔维托·曼古埃尔编著的《阅读史》，从广义上概述了人们的阅读活动与阅读历史，为笔者探究阅读方式的多样性提供了帮助。总的来说，国外把研究书籍阅读方式作为出发点的理论也不多。然而，随着国内外研究领域对书籍设计中阅读方式的重视，加上与之相关的优秀作品的出现，相信人们对书籍阅读方式的进一步探讨与研究也会更加全面。

1.4 研究方法

本选题在前4部分中的研究方法主要运用调查研究、文献综述、个案分析等方法展开。调查研究主要包括两个方面：一是通过实际调研现有书店的出版图书，了解书籍设计中阅读方式的发展现状，发现其中尚待改进的方面，并将这些不足之处给予归纳和总结：二是通过观看展览等方式，对与研究相关的书籍优秀作品进行深入分析，亲身体会与感受书籍作品的魅力，减少作品实践中的盲目性。文献综述与个案分析主要是对书籍阅读方式的相关文献资料进行归纳总结，并将搜集到的典型案例进行整理比较，使理论内容更具准确性与全面性。第5部分将理论与实践相结合，通过设计创作来验证文章理论部分的论述，探索书籍设计中阅读方式的无限可能性。

1.5 研究目的与意义

“君子知夫不全不粹之不足以为美也。”现代书籍的设计理念使荀子“全粹全美”的美本体论得以强化，更加注重设计的整体性，这种整体的思想观念将书籍的封面、内页排版、字体、选用的纸张材料、装订方式等都囊括其中。书籍的设计已经不仅仅注重书的外表美感，更深入到书籍整体统一美感的全方位营造。由于书籍的阅读是读者对书籍进行认知的过程，因此，书籍的阅读方式也应该是书籍整体设计中不可或缺的组成部分。对书籍设计中阅读方式的探索，既是阅读的需要，也是设计的手段，主要是为了解决书籍的设计与读者阅读的关系问题，最终达到促进读者阅读的目的。

本选题针对书籍设计中阅读方式的多样性进行探索，具有三重意义：一是通过对阅读方式进行变化，可以为我们在书籍的创作中提供一种新的设计理念和创作方法；二是在实际应用中，可以为书籍的整体设计增添艺术效果，使书籍更有效、更时尚地展示各种新鲜的可能；三是能够加强读者的阅读感受，提高读者的阅读兴趣，架起书籍与受众之间的沟通桥梁，让人们在阅读中拥有愉悦的阅读体验。

2 书籍设计中的阅读方式

2.1 书籍设计中阅读方式的特点

线装书是我国传统的书籍装帧形态中较为进步的一种形式，也可以说是古代书籍装订技术发展成熟的标志。虽然它在外形上十分素雅端正，没有较为繁复的装订，也没有过多华丽的装饰元素，却护帙有道。中国传统的线装书籍都是采用直排的形式，书籍的订口在书的右边，书页是由左向右翻的，也称为“中式翻身”。书籍的版心在书的下方，读者阅读文字的顺序与汉字的书写顺序一致，是自上而下，行序自右向左。根据人眼的视觉阅读流程，具有这些特点的阅读方式属于单向的线性阅读。书籍是单面印刷，利用线框将页面进行分割，文字字体的选用较为固定，版面内容的编排也较为疏朗与规整。

随着印刷技术的发展进步，书籍实现了双面印刷的可能，有力地促进了书籍艺术的发展。文字的排列方向由过去的直排过渡为更适合人眼阅读的横排，从而书籍的翻阅方式也由从左至右转变为从右到左。由于人眼的视界横看比直看的视野要宽一倍以上，现在，书籍在内文的排版上采用横排形式的日渐增多，只有少部分的书籍采用直排的方式。特别是在中华人民共和国成立以后，书籍制度在本质上没有发生更大的变化。因而，传统的线性阅读延续至今，它仍然是当今阅读方式的主流，传统书籍在阅读方式上表现出了较强的稳定性，这个特点也使读者的阅读心理与思维指向较为稳定。

时至今日，书作为一种传播文化的载体，它的种类繁多，内容也多种多样，这也注定了其具有多样性与丰富性的内涵。阅读有时也许只是为了满足某种审美需要，但它恰恰迎合了当今社会人们的心理。阅读甚至可以是一种心情、一种娱乐，读者可以带着一种“把玩儿”的心态去面对它。从阅读中，人们不仅可以汲取知识与教益，也可以感受乐趣。人们对阅读的心态有了较之以往的改变，书籍设计中的阅读方式也变得更加灵活。人们在阅读方式上追求变化，更侧重于寻求趣味与崇尚快乐，讲究新奇与自我个性的表现。

曹刚曾在《多元设计论》中阐述了“多元共存”的观点。在他看来，自然界、人类社会、人类思维是多元的，设计者在多元中创造最优环境。值得注意的是，他指出，“多元设计作为设计思维的方式和过程，必然要通过现代设计的物化过程来证实自己的存在与价值”。书籍便是其中的一类物化体现。不难发现，大到书籍整体版式的编排，小到某个标题的字体选用，都体现出多元的设计理念。由于当下信息获取的渠道变得更加广泛，读者希望从纸本书籍的阅读中获得更为多样的阅读体验。书籍在阅读方式上也更加凸显了多样性的特征。

当然，阅读方式的多元化发展并不意味着对传统阅读方式的否定。阅读方式的多元化离不开对传统书籍阅读的继承与创新，更离不开书籍阅读的本质。可以认为，多元化的阅读方式能够补充传统阅读方式所不能传达的感受，使书籍的阅读在多样的变化中更加富有生机与活力。

2.2 书籍设计中阅读方式的影响因素

2.2.1 书籍设计观念的转变

当《梅兰芳戏曲史料图画集》《诗经》《刘小东在和田&新疆新观察》等作品获得“中国最美的书”“世界最美的书”等的称号，也印证了我国的书籍在设计理念上步入了一个全新的境界。同样是对一本《诗经》的设计，古籍的《诗经》形态，与刘晓翔设计的荣获 2010年“世界最美的书”称号的书籍作品《诗经》有着明显的不同。在这种差异的背后，隐藏着人们时代审美观念的发展与转变。人们的审美需求经历着不断的变化，不同时代的书籍设计作品也体现出不同的风貌。

正如墨子所言：“食必常饱，然后求美；衣必常暖，然后求丽；居必常安，然后求乐。”就拿我们的一日三餐来说，现在人们对饮食的要求不但希望能够填饱肚子，还把目光纷纷投向了食品卫生、营养搭配等方面。食物由“饮食”变成了“美食”。当人们的基本物质需要得到满足时，便会产生相应的审美需要，美与大众生活之间的关系变得更加紧密。这一点在书籍设计中尤为明显。由于人们意识水平的提升，对信息接收量和包容量的扩大，书籍设计的审美特征也日益突出与强化，并逐渐形成一定的审美形态。美学家李泽厚在《美学四讲》中将审美形态划分为三个层次，即“悦耳悦目”“悦心悦意”与“悦志悦神”。从这个意义上来看，人们对书的审美需求也在由最初的“阅读”，到有较高审美需求的“悦读”不断地发展变化。

在书籍设计的阅读中，“悦耳悦目”是“养眼”的意思，它往往与书籍设计的视觉美感相关，取悦的是“眼”与“耳”的感官享受。苏东坡曾对书有“悦于人之耳目，而适于用”的评价。其中“悦于人之耳目”，说的就是这个道理。比“养眼”更高的第二个层级是“养心”。“养心”是通过巧妙的设计、多样的形式感，营造出能够愉悦身心的阅读氛围，使读者感受到其中更深远的意义，从中获得内心的感动，取悦的是“心”与“意”的情感。所谓“悦心悦意”，说的就是这一层级的境界。然而，只有感动还是不够的，优秀的书籍设计作品，往往将人心导向最高的审美层级，即“养神”或“畅神”的境界。它取悦的是“志”与“神”的存在。“悦志悦神”的层次是要将书籍的设计达到形神俱佳，秀外慧中的境界。我们在阅读中所说的“养眼”“养心”与“养神”的三个层次，实际上恰恰与美学家李泽厚所说的“悦耳悦目”“悦心悦意”和“悦志悦神”是一一对应的关系。

从“眼”与“耳”“心”与“意”到“志”与“神”都是要达到使人“悦”与“乐”的目的，也是“可养”的不同层级，由低到高的不同境界。书籍设计从“阅读”逐渐转变为“悦读”，本质上是一种观念的改变。它提升了人们的审美层次，与此同时，书籍的阅读方式也会受到人们审美水平的影响。把书中繁复的信息用轻松、幽默、易于理解的方式表达出来，为读者营造一个愉悦的阅读氛围，达到诱导读者阅读的目的，是书籍设计的新观念对阅读方式提出的更高要求。书籍设计有了“悦读”的理念，便更能够夺人眼、动人心、养人神。

2.2.2 书籍装帧技艺的革新

从古代的窑洞、茅草房到木质结构与砖瓦结构的房屋，再到现代的钢筋玻璃结构的建筑，由于材料发生了变化，建筑物的内外结构不同，形式美感也会有所不同，人们居住的环境与房屋的舒适程度就会存在更大的差别。这些变化离不开科学技术的支持。看待建筑如此，对于书籍这个“微建筑”自然也不例外。过去，书籍的装帧设计要受到不同历史时期所采用的承载材料、制作流程、印刷技术及工艺水平的限制。现在，科学技术为设计者们对书籍材料的使用与研究提供了更多的选择，人们可以通过运用新型的材料和精良的制作工艺，提升书籍的质量与品位。

恰如日本学者后藤狷士所主张的：“艺术不只是事实上受到技术的外在作用，而且还与技术在共同的基础上有着内在的特性。”艺术与技术是相互依存、不可分割的。从某种意义上看，随着现代科学技术的发展，书籍设计的一个显著特征就是在更大范围内追求装帧技艺的创新与阅读美感的融合。

新工艺、新技术已经成为书籍设计中的一个充满表现力的艺术语言。在新的设计语言中，蕴藏着更为多样化的表现手段，对待文字和图像的处理方式也在发生变化，这些都为书籍设计带来崭新的推动作用。

书籍设计的理念已经从局部设计转化为整体设计，它所涵盖的范围更加广泛。阅读方式作为书籍整体设计中的一个成员，也会受到装帧技术这个大环境的影响。新材质、新工艺的介入不仅能够呈现出一本书所要传达的观念与情感，拓展设计者的创作灵感来源，更在技术的层面为书籍设计中阅读方式的多样化奠定了基础。可以认为，正是因为有了现代装帧技艺的发展，设计者们才能得心应手地选用各种可用的材料进行后期加工，传达自身的设计理念，体现书籍设计的真谛。

3 书籍设计中阅读方式的作用

3.1 对书籍内容的引导作用

一本书通过在阅读方式上的创新，能够引导读者对书籍内容的观看。阅读方式的引导作用在一些工具类以及查询类的图书中体现得更为明显。由于工具类图书的主要用途是在读者需要某些信息时，帮助人们在短时间内查找到该信息的具体内容。因而，对这类书的阅读是一种查询的过程，带有明确的目的性，不适合逐页翻阅。

在工具类图书中，根据目录与页码之间的对应关系进行快速而准确的定位，是一种较为普遍的查询方式。此外，可以适当添加其他的查找方式来辅助读者的查询。正如一般的字典会在书口边缘处印制标检，将从A到Z的字母顺序附加在书口处，用这种直观的方式作为方便读者翻检的一种补充。将书籍中不同的章节位置标记在书口处，读者可以根据书口处的信息重点查阅所需内容。有的工具书为了明确具体的页数，直接在每个章节开始的位置用特制的切刀在书口处挖空印刷；有的工具书通过纸页的排列在书口形成阶梯状，给予读者更大的自由空间，随时翻阅，重点查询。

例如，获得2014年“世界最美的书”称号的德国设计作品《布赫那·布鲁德纳——建筑集锦》是一本关于建筑的书籍，设计者将整本书的信息内容进行有序整合与划分，采用比较薄的纸张，通过对内页纸张不同长度的折叠，将书口处设计成阶梯状，便于信息的合理检索。这种查阅书籍的方式好比一位无声的引路人，为读者提供了更便捷的途径（图1）。

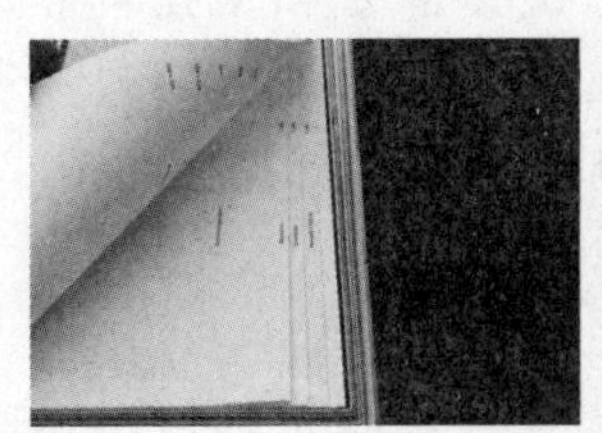

图1 《布赫那·布鲁德纳——建筑集锦》书籍设计

《运动》这本出版物是由荷兰设计师伊玛·布为室内设计师与景观建筑师所创作的。设计者将其中一部分书页裁短一截，便能通过向左翻阅与向右翻的方式引导读者的阅读内容。当读者用手从前向后翻时，在书的切口处能清晰地看到inside(内部)的英文单词，与此对应，读到的内容是关于室内设计的信息；当用手从后向前翻，在书的侧边会出现outside(外部)的字样，同时，得到的内容是有关室外设计的部分。读者在阅读时，只需通过两种翻阅方式，便可以区分书中的内容，获取自己想要的信息。

设计者根据一纸两面的原理，把一张纸的正面作为室内设计部分的内容，把一张纸的反面作为室外设计部分的内容，将整本书的内容一分为二，形成可以向左或向右两个层面翻阅的作品。作品纸张材质的选用也十分讲究，书页的纸张在厚度与韧性上都比较适合读者的多次翻阅（图2）。

图2 《运动》书籍设计

此外，这种引导作用能够更好地运用到一些概念书的设计中，为读者的学习带来帮助。这些概念书的设计为我们进一步研究阅读方式的多样变化扩展了思路。

比如，作品《德语分类小词典》是一本帮助读者背诵德语的书，书的内容是德语与汉语的对照，书页的结构是由一个内芯和一个带有部分镂空的长方格套子组成。读者可以取下方格套，进行阅读与背诵。为了方便读者检测自身对单词的学习效果，读者还可以套上镂空的方格套，采取上下移动的方式阅读。书套上的镂空与内芯上的信息形成相互遮挡的关系，当读者看到德语单词时，其对应的中文意思就会被遮挡起来；当汉语的翻译显露出来时，德文单词的拼写却被套子遮盖了起来。读者可以看着德语思考它的中文意思，或看着中文去思考它的德语要怎样拼写。此书的阅读方式，可以增加书与人的互动性与读者的体验感。经过来来回回地反复阅读，读者背单词的效果也会有很大提升（图3）。

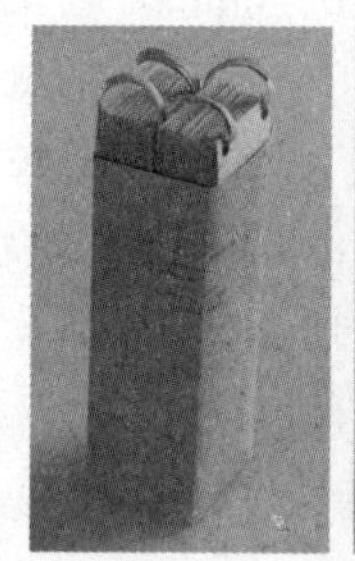
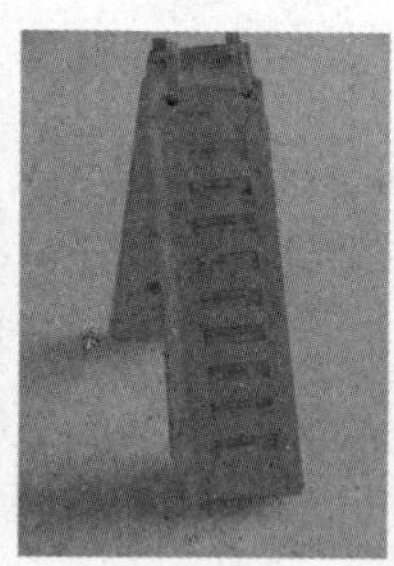
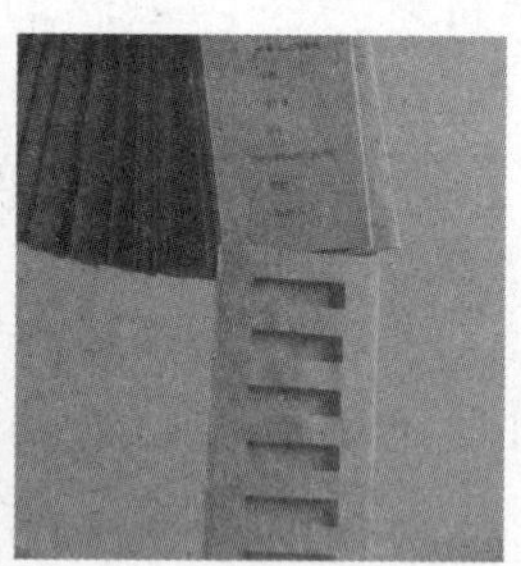

图3 《德语分类小词典》书籍设计

这些作品都是在细节之处对书籍的形态或结构加以改善，让书籍的阅读方式在引导读者便利、愉悦阅读的同时，推动书籍内容的传达。《建筑集锦》和《运动》是在切口处进行的改良，《德语分类小词典》是在页面的结构上进行设计。在经过设计师的巧妙安排后，阅读方式的这种引导作用不仅能够增加书籍的实用功能，还能够让书的设计更加充满人性化。

3.2 对阅读者感官感受的调动作用

日本著名设计家杉浦康平曾提出传统意义上的书籍具有“五感”，书之“五感”不仅为读者带来丰富的精神享受，同时也构成了传统的以纸张作为媒介书籍的独特之处。这“五感”是人们的视觉感官、听觉感官、触觉感官、嗅觉感官及味觉感官的简称。阅读方式对阅读者感官感受的调动作用主要是通过这五种感官实现的。

首先，阅读方式对阅读者感官感受的调动作用体现在其对书籍视觉美感的延伸。*NOCTURNE*（《夜曲》）是由阿根廷插画师ISOL出版的书籍。作品的内容主要通过图画与文字的对话进行叙述，文字内容并不多，版式的布局风格以简约为主。为了能让读者更加舒适地欣赏到书中精美的插图内容，设计者把书与台历的结构相结合，在书籍的封底处借鉴台历可折叠、可隐藏的支撑结构。读者可以很方便地将它放置在桌面上随时进行翻看和阅读。书页与支架之间以螺旋环订的方式连接，读者在从前向后进行翻阅时能够将书页摊平，让书中精美的插画更好地展现出来（图4）。

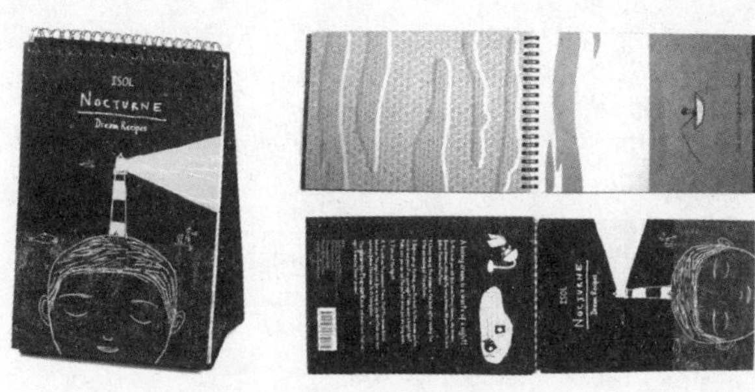

图4　*NOCTURNE*书籍设计

其次，阅读方式在提升视觉美感的基础上，还能够调动读者多种感官因素的综合感受，传递出听感、嗅感、触感与味感，营造出“五感”阅读的舞台。获得2012年“世界最美的书”称号的《剪纸的故事》，设计者为了向读者灌输由外向内的剪纸意念，在书中部分书页设定了横向断切，使一页变成了两个半页。这使得读者对此书的阅读产生了一种新的方式。每个半页既可以与原对应的半页形成极为多彩的页面关系；也可以与前后页的页面上下衔接，两种图形通过原本分裂的页面巧妙地拼合在一起，构成了奇特的版面效果。读者在阅读时可以根据自己的意愿将两张不同的页面并置在一起，创造出富有诗意和想象力的视觉美感（图5）。

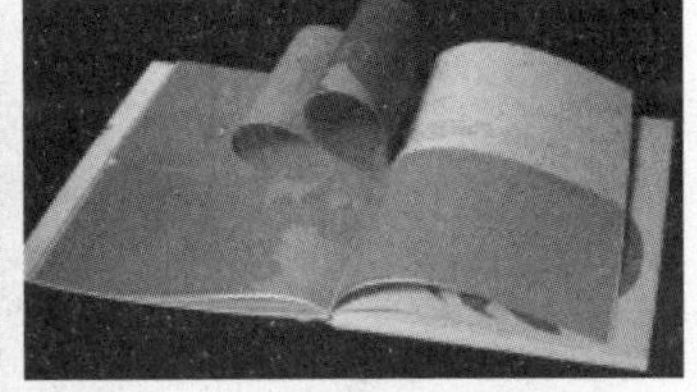

图5　《剪纸的故事》书籍设计

书中还采用了特殊薄纸印刷的大折页，上面印有民间剪纸艺术的造型纹样。翻动不同的纸张能够发出高低不同的清脆沙响，给人带来听觉享受。此外，纸张印材和油墨本身散发的气息与民间剪纸的真切感也唤醒了读者的嗅感与味感。如此一来，书之“五感”便顺畅地通过阅读传递出来，创造了读者和书籍感官交互的过程。

阅读方式能够更深层次地激活读者的五种感官，帮助设计者传达书籍的设计理念，让读者对书籍的内容产生更深刻的印象。由于人的视、听、触、嗅、味这五种感官之间有着内在的联系，它们是相互影响、彼此相通的。设计者可以利用这种互相牵连的关系，强化五种感官体验所带来的阅读惊喜与奇异感受，丰富书籍的表现力，感染读者的情绪。

3.3　对阅读者心理体验的强化作用

阅读可以让一个场所的气氛为之改观，以何种方式进行阅读可以影响读者的心理体验。这种影响力更多地体现在一些具有探索性与参与性的书籍中。丰富读者的阅读心理体验，是为了能够

图 6 《福尔摩斯探案集》书籍设计

充分调动读者后续阅读的主观能动性，从而吸引人们对书籍的购买或收藏。

比如在侦探类的小说读物中，将书中引人入胜的文字内容与恰当的阅读方式巧妙地结合，可以使侦探类图书更具感染力。设计作品《福尔摩斯探案集》讲述的是“斑点带案子”的故事。作品最大的特点是通过对书籍形态的改良，将一种充满神秘感与探索感的阅读方式融入到读者的阅读中。内文页面的尺寸调整得一张略比一张小，面积较大的页面在上，较小的页面在下，大页压着小页，有规律地罗列整齐。它们的形态就像一扇扇从大到小排列的门，读者打开第一扇门的时候，会发现书中的文字内容都藏在门的背后。读者只有亲自一页页揭开盖在相邻页面上的书页，才能获取后续内容的信息。随着读者阅读的深入，未知的书页内容会使读者产生一种“期待心理”，这便将读者阅读的过程转化成了一种揭秘行为、一次有趣的破案经历（图6）。

当读者一页一页地翻阅时，也就意味着一层一层地揭开小说的情节变化，一层一层地揭开未知的答案。每读完一页内容，阅读者可以稍作停顿，翻开下一部分的书页，同时，也给予读者一个短暂的空间去回味书中的内容，融入自己的思考。

荷兰设计师伊玛 · 布对书籍《色彩》的探索也印证了阅读方式对读者心理体验的强化作用。由于书的翻口边缘是闭合的，需要用手撕开才能将隐藏在内部的色条“释放”出来。于是“撕”这一行为贯穿全书的阅读过程，读者将每页的色条一一撕下，组合在一起，便能产生一本新书——印刷色谱。撕书是设计者有意安排的一种阅读方式，目的是为了刺激读者自发地去创建一本新书的意识，读者为了得到这本色谱，每撕下一条颜色，还想再次参与到这个行为中来，让这种状态得以延续。

隐蔽的结构可以有效地引发读者的好奇心理，从拆分到重组的阅读过程挑战了读者对书的认识。作品并没有给读者的阅读造成障碍，相反，正是由于一般情况下很少有人会去破坏一本完好的书，这种意想不到的行为给读者带来了阅读的兴趣点，让读者需要多花费一些时间和精力才能获得并理解书中内容（图7）。

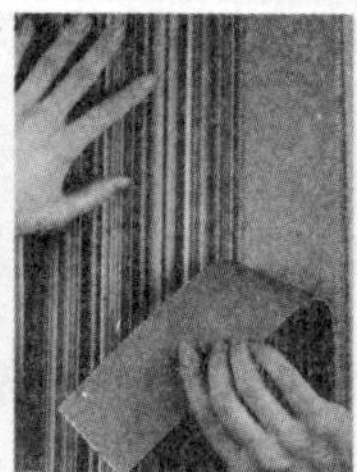
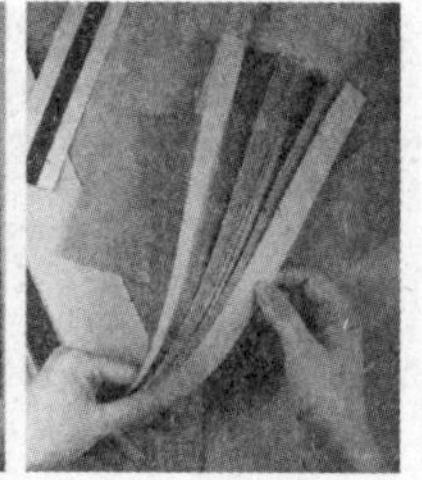

图 7 《色彩》书籍设计

综上所述，阅读方式对书籍内容的引导作用能够使读者的阅读更加人性化，使读者不会产生对阅读工具、理论等图书常有的乏味感；对阅读者感官感受的调动作用能全面抓住读者的“五感”，创造出纸质载体带来的温暖与快意；对阅读者心理体验的强化作用，往往会给读者带来新奇的感受，这种新奇感提升了书籍自身的吸引力，也让读者的阅读更加与众不同。正像人们写作中，如果能够恰当地运用一些新词、丽句或独特的比喻，便更易唤起读者的想象和认同感，也更容易令读者所铭记。

这表明，重视书籍的阅读方式会大大强化书的特质，从而激发出纸质书籍的无穷魅力。阅读方式能够让书籍的设计走进读者的感官世界与内心世界，能够在读者阅读的过程中发挥重要的作用，赋予读者阅读的动力。当设计者有意对书籍的阅读方式进行创新时，还会引发读者更多阅读行为的参与。将读者的阅读行为与书籍的内容融为一体，会让书籍的阅读形式更加丰富多样，提升设计的品质，为读者提供更好的阅读享受，也为设计师们打开了更广阔的新天地。

4　书籍设计中阅读方式的拓展

4.1　阅读方式的拓展原则

在书籍设计中，为了能让读者享受到更加舒适与多样化的阅读体验，需要在一定的拓展原则下对其进行创新。其一，要看到阅读方式并不是孤立存在的，它总是依附于书籍的内容。我们对阅读方式的拓展应该在不脱离书中内容的前提下，为读者的阅读增加动力。只有当对阅读方式所做的改变，不妨碍阅读美，而是服务于阅读美的时候，才可以说这种改变是成功的、是有价值的。

其二，设计者要考虑到读者的感受。在人与书的关系中，一方面读者是书中信息的接受者；另一方面读者也是书中信息的再造者。一本经常被翻阅的书籍往往会出现折角、弯曲变形的情况，甚至由于长时间的翻阅，书口处容易产生褪色的痕迹。这便是读者与书籍产生互动的证明。有时，我们还需要通过其他形式，增加书与读者之间的互动性，使读者的参与直接影响着书中内容的最终形成。自始至终，在阅读方式中建立的互动关系是以读者为中心，将读者的主动参与作为拓展的重点。

4.2　特定视点的阅读方式

“视点”一词在字典中的解释为：观察或分析事物的着眼点。这里谈论的是它观察事物的这一方面，从读者对书籍的观看、阅读的着眼点进行探讨。特定视点的阅读方式是通过人们对书籍的设计，给读者一个指定的区域位置或一个特定的观看视角进行阅读，凸显书籍中某个精彩的局部，让读者形成特定的兴趣点和关注点。有时，在一定的书籍形态下，它能够形成一种局部范围内的阅读状态，这种阅读书籍的方式可以将其归纳为特定视点的阅读。

特定视点的阅读方式能够使读者的阅读过程转变成一种具有选择性的阅读行为，其主要目的是让读者有选择性地阅读与观看设计者着重表现的部分。它需要设计者运用一种“减”的设计方法进行呈现。在作品*Nichts*中，设计者为了突出作品的个性，将书籍的文字内容精简到了极致，书中全部页面都是为了表现一个单词的视觉形象。就像人们对花枝的修剪，为了让其更加美观，把一些琐碎的枝叶剪掉，只留下精要的部分给观者欣赏。

特定视点的阅读方式可以通过雕刻、模切的技术手段来实现。*Nichts*是一本纯粹的、用白纸与激光切割技术表现的书籍作品，为了向读者展现一种懒惰之美，书的中间区域是通透的，在形态上借鉴了中国古代的铜钱币。作品将页面的中心位置进行了精密的激光切割处理，挖切掉了一定面积的纸张，打破了作品形体的封闭性。凹凸有致的书页组合在一起，便形成了一个具有进深感与立体感的德语单词luftschloss（空想）。此处便成为书籍阅读的视觉中心，这便把读者的视线吸引到一个特定的区域范围内进行观看。有时在某些方位上，读者看不明白单词的意思，还需要将书稍微倾斜或旋转，寻找一个合适的角度和距离，才能辨认出这个单词的真实面貌（图8）。

图8　*Nichts* 书籍设计

特定视点的阅读方式也是一种具有指向性的阅读，它指向一个特定的区域。由日本祖父江慎设计的这本内容关于葡萄酒的出版物，通过在护封上模切掉一个圆孔，让书脊部分的设计多了一个层次，增加了一个吸引读者的视点，同时也为书籍的内容与精神起到了宣传的作用。就平装书与精装书而言，在书脊结构方面的尝试并不多。这主要是由于书脊受到所处的位置，以及占有面积的大小等条件的限制。可以把一本翻开的书以书脊为中线，分为左侧与右侧两个对称的部分。它们分别以厚度的形式记录着读者的阅读进度，随着读者对书的翻阅，这两部分的厚度会出现“此消彼长”的效果。作品根据这个原理，在书脊处绘制了一对男女共同举杯的卡通形象。在护封上圆洞的遮挡下，当书籍左右两部分的厚度出现变化时，书脊处这两个生动的卡通人物便会慢慢靠近，由干杯的状态逐渐变成亲吻的画面（图9）。

图9　关于葡萄酒的书籍

这本出版物通过护封的设计，给人耳目一新的视觉效果。读者对作品的注意力会自然而然地落到书脊处的圆孔中，在好奇心的驱使下，耐心地观看这对人物的情感变化。这种带有指向性的阅读方式更易于使读者产生一种注视行为，使读者的视线能够长时间停留在书中的某一部分，并在注视的过程中留给阅读者更多自由想象的空间。

4.3　多视点的阅读方式

“多视点”一词的由来始于日本杉浦康平先生事务所的名字plus eyes，plus eyes翻译成中文有“复眼”的含义。复眼是昆虫的视觉器官，它是由无数个小眼组成的一个繁密的多眼体。“多视点”是对昆虫复眼联想的引申，它的意思是对世界万物多角度、多层次、全方位地观察、解析与探究。在书籍设计中，如果能将杉浦康平先生所提倡的这种多层次、多角度、多方位观察事物的方法，与书籍的阅读方式相结合，是否可以帮助我们更全面地探究书籍设计中阅读方式的多种可能呢？

4.3.1　多视点阅读方式的生成

我们在谈论书的外形特征时，总要涉及“六面体”这个词，这个六面体是由许多纸张的连续堆砌、累积构成的。这六个面包括封面、封底、订口（书脊）以及书的其他三个边口。如果将它们分别来看，每个面都是一个平面；将它们作为一个整体来看，这六个面便能组合成一个立方体。在大量发行的图书中，除了一些异形书外，书往往都是以六面体的形态呈现的。由于当下印刷条件的改变，书的这六个面都可以作为承印物进行表现。例如，由吕敬人设计的《梅兰芳全传》（图10），由杉浦康平设计的《全宇宙志》（图11）等。这便在书的外在形式上为读者提供了更多的阅读视点。

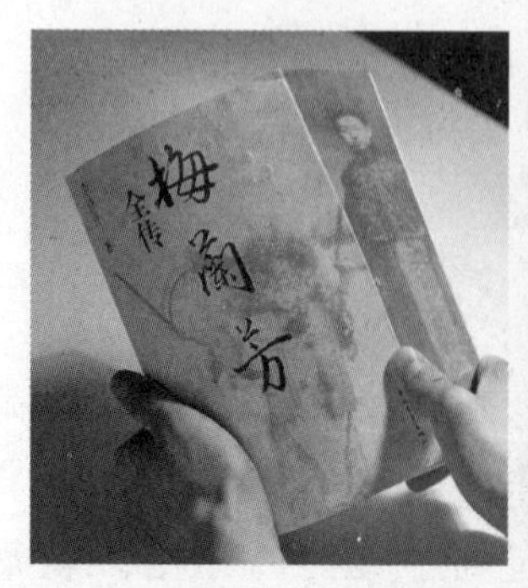

图10　《梅兰芳全传》书籍设计

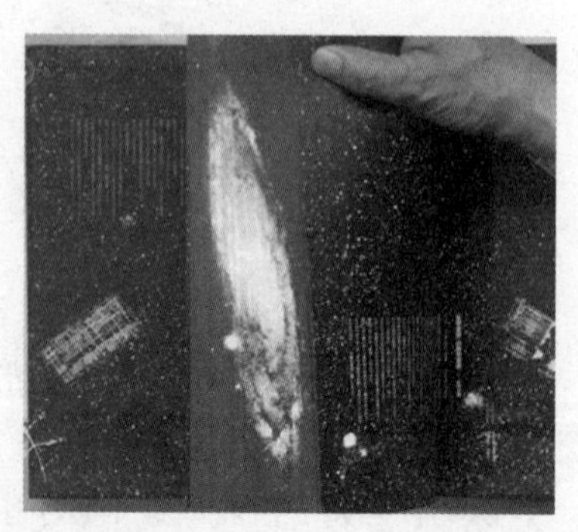

图11　《全宇宙志》书籍设计

在说起书的内部构造时，它被看作一个承纳知识的容器。在这个容器中，书籍有了更大的展示空间。不仅书中的文字信息、图片内容可以作为读者阅读的视点，设计者还可以通过折叠、镂空、模切等工艺的创新对书籍的内容进行合理的构思规划、分层布势，对六面体的内部空间进行利用，创造出引发读者阅读兴趣的新视点。由此可见，书籍设计的整体形态是立体的、多层次的。如果不注意到这些方面的存在，我们对书籍阅读的理解可能就会少了一些深意。

正如丘陵先生曾把纸质书籍的阅读与“游园”相比较，认为园林建筑“层层进深，相互因借，分隔中有连贯、有贯通，障抑中有窥透”。与阅读书籍的过程有相通之处。游览园林，是在优美的环境中逐步引向深入，曲径通幽，最后进入正殿。书籍的阅读则是通过封面、环衬、扉页，步步接近正文，由表及里，层层深入，渐入佳境。进入正文后，读者可以透过插图的这扇窗户，看到文字中所记载的内容；也可以透过文字这扇窗，看到插图所表现的情感。这种由外入内不断行进的过程，既层次分明，又有严谨的秩序感。

我们对多视点阅读方式的探索是建立在二维平面化阅读之上的创新，也是建立在传统纸质书籍的阅读方式上的创新。不仅如此，多视点的阅读方式还是书籍阅读多样化的一种体现，它融入了多元化的设计理念。因而，它符合当下书籍设计艺术发展的规律。

4.3.2 多视点阅读方式的表现

多视点的阅读方式主要可以通过四个方法进行表现。根据书籍的自身内容，选择适当的手段加以利用，让书籍的设计更具表现力，打破封闭、单一的书籍设计思维方式，让书籍设计的视野由单一走向多元。然而，这并不意味着一类书只适宜用某一种表现方法，有时这四种途径也是交叉重复运用的。

（1）多视点的阅读方式可以通过采用新型材质来实现。承印书籍的材质不仅仅只限于纸质材料，设计者可以合理地运用一些新型的材质，将它们更好地运用到作品中，发挥更大的潜质，成为吸引读者注意力和提升书籍美感的重要手段。

书籍*Hands On*的封面使用了一种名叫光栅的媒介。它的特点是利用一序列的立体图像构成一张图片，再将图片表面覆盖一层特种光学材料——光栅。把书拿在手中，向右倾斜看到的是一组画面，将书向左倾斜得到的是另一组画面。这种视觉效果的呈现不需要读者对书籍进行翻阅，只需改变眼睛观看封面的视角，或者稍微调整一些书的倾斜角度，就可以在一个平整的封面上看到多张图片所形成的立体效果。本书收录了100多个在生活中读者可以参与制作的手工艺品。封面中共有11幅具有代表性的作品，每幅作品都是一个充满变化的窗口，也是书中内容的一个小型广告，它们可以向读者展现不同的动态画面。栩栩如生的立体画面使封面的视觉效果更加生动，让书籍充满了灵动之美（图12）。

图 12　*Hands On* 书籍设计

（2）多视点的阅读方式可以通过折叠结构来实现。折叠对纸质媒介而言是一种有效拓展书籍空间的形式。书籍的折叠结构与读者阅读之间有着十分密切的联系，折叠可以使一张薄薄的纸被赋予生命，从二次元物质转变成三次元物质，成为有存在感的立体物。折叠结构能够在书中形成一定的立体空间，给读者创造了多角度观赏的可能。读者可以从不同的角度、不同的方向和不同的距离进行阅读或观看。

《灵韵天成——清心绿茶》是一本介绍茶文化的生活类图书。整本书流露出浓厚的文化气息，书中图文并茂，把茶的韵味与书中的文字、图片融为一体。作品通过对纸张的折叠，在内页中形成了筒子页的结构，为了表现茶的气质和内涵，筒子页的内侧印有若隐若现的茶叶局部，通过油墨在纸张里的渗透性，晕染出茶香飘逸的感觉。如果读者将视线停留在筒子页书口的一侧细细观看，便能欣赏到起起落落的茶叶叶片，优雅地漂浮在书页之间，并在不知不觉中融入到书的意境之中，品阅茶文化的诗情画意（图13）。

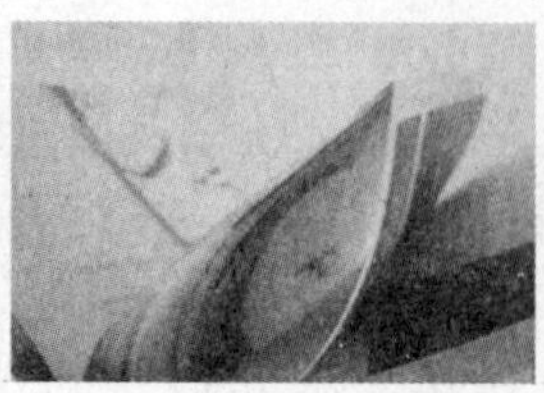

图 13 《灵韵天成——清心绿茶》书籍设计

美国的设计作品《大卫·卡特尔》是一套形态多变的儿童系列立体书。书中抽象的立体图形和层出不穷的变化组合从视觉上给读者带来了新鲜感。阅读者可以将这些独具风格的图形进行转动、提拉，使这些立体图形的形态在原有的基础上呈现出更加多样的变化。书籍还在一些页面中有效利用了两个夹页的空间进行表现，设置了弹出式的立体造型，扩充了书页的容纳度与层次感。当读者将页面翻开时，隐藏在书籍夹页里的立体图形便会展现出来；当把书合上后，书籍巧妙的结构便自动收拢起来，不会影响读者的携带与放置（图14）。

图 14 《大卫·卡特尔》书籍设计

（3）多视点的阅读方式可以通过版式的设计来实现。书籍页面的编排可以影响读者的阅读速度、阅读情感等。新奇的编排方式，可以让读者有更大的自由空间去阅读。

例如，由荷兰鹿特丹Episode出版社出版的书籍《如果我不能舞，我不想随你而转动》，此书的设计为了把读者引入与内容相关的情景中，突破了人们较为常规的从左至右或自上而下的阅读习惯，做出了较为灵活的旋转式阅读的顺序安排，以强调被传达的信息内容。书在白色的纸页中印有艺术家的作品，在橙色的纸页上印有相关的文字评论。页面中有一个形态类似指针的图形，它是此书阅读的导航，在阅读时要保持向上的状态，并以此作为标志引导读者对下一篇文章内容的阅读或艺术作品的欣赏。读者每读完一部分内容后，书籍的版面就要以顺时针方向旋转90°来观看，每一次的旋转动作使读者的视线和心情也随之改变。设计师通过对页面版式的调整，将书籍360°旋转阅读的方式变成了可能（图15）。

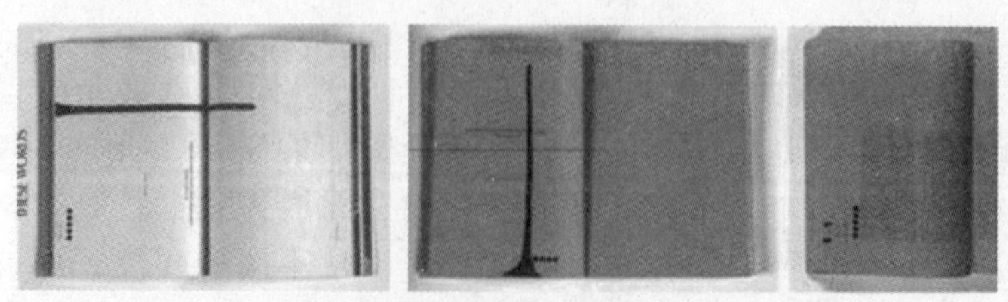

图 15 《如果我不能舞，我不想随你而转动》书籍设计

再如，由设计师艾格尼丝·沃尔纳特（Agnes Warther）设计的书籍*Time for the Bomb*，它将书籍的页面排版与书籍的形态相结合，尝试将纸质书籍的阅读方式达到像网络阅读中的超链接一样充满多样的可能性。设计作品取材于网络上的一篇超文本小说，主要讲述了四位主人公在莫斯科寻找一枚炸弹。小说的内容采用了较为复杂的多线索叙述手法，原始文本共包含100个网页，每个段落是通过超链接的方式衔接起来的。据此，设计者在书籍页面的特定位置模切出了一些圆孔，将圆孔分布在书中的各个角落，读者在阅读时，只需抓取书页上镂空的圆孔，就可以顺利进入下一个故事的情节内容中进行阅读（图16）。

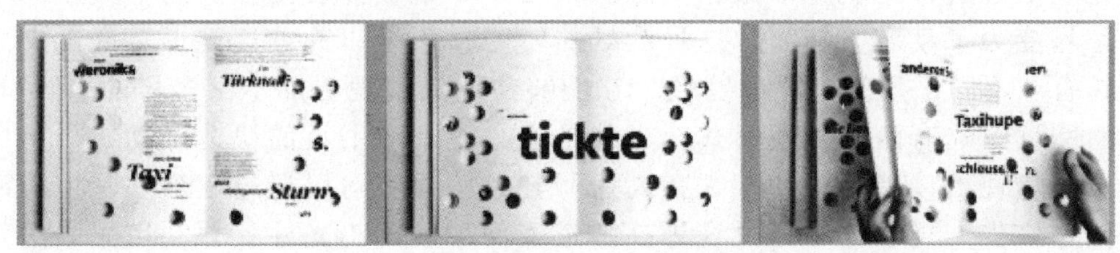

图 16 *Time for the Bomb* 书籍设计

（4）多视点的阅读方式可以通过一些较为特别的装订方式来实现。书籍在装订成册以后可以让松散的书页固定在一起，不易散落，便于翻阅。同时，这让书籍中页与页之间也紧密地联系在一起，构成了一个稳定的空间，也有效地给书籍的内容确定了一个既定的阅读逻辑，固定住了页面的顺序与书籍内容的变化。

书籍《作品第一号》采用散装的活页形式，打破了书籍在传统装订方式上的局限性。单面活页的设计，能让读者以一种更加自由的方式阅读此书。书中每个页面的故事既可独立成篇，也可以作为整本书内容的一个组成部分。全部零散的页面可以合起来装在一个函套里形成一本完整的书（图17）。

图 17 《作品第一号》书籍设计

全书总共有151页，读者从哪页开始阅读都可以，每页有500～700字的内容。每个页面都没有标注页码，书页的背面是空白的，读者可以随意排列各页面之间的位置与顺序。这种自由的连接方式也给读者一个亲自当小说家的机会，其新颖的形式深深地受到了读者的喜爱。读者在阅读前或阅读之后，可以像玩扑克牌一样将书页的次序重新打乱，每洗一次牌，便可以得到一个新的故事，读来读去会有不同的感受，也为书籍的阅读增添了趣味感。

从一定程度上来讲，多视点的阅读方式是一种对加法的运用，它是一种由一到多的转变，更加强调阅读的多样变化。在多样的变化中，值得我们注意是要遵循多样统一的原则。“多样”的意思是在书籍的阅读中融入多种表现形式。所谓“统一”则是从书籍的整体着眼，把多种形式要素融为一体，富变化于统一，让书籍的阅读在整体上协调一致。这就是说，强调多视点阅读并非是指阅读的视点越多越好，而是要在书的整体性中寻求多样变化。若过分追求多变与活跃，特别是当引发读者观看的视点没有视觉上的连贯性时，会使书籍显得花哨、凌乱，缺乏秩序感，影响读者的阅读过程。

书籍的设计与雕塑艺术有着异曲同工之妙，读者对书籍的欣赏就像观看罗丹的雕塑一样，从各个角度都可以观赏到美的存在，这就为读者创造了一种多面的立体化阅读。由书籍形成的立体阅读能够让一本书的展示空间更宽阔。这意味着，书不仅仅是简单的封面设计，还可以作为供读者品味，让人们从多层次、多角度、多侧面欣赏的艺术品。多视点的阅读方式能够提升书籍的观赏性，将书中的内容更充分地展现给读者。通过对书籍的设计，可以让书籍的阅读方式呈现多样的变化，让书发挥更大的价值。

4.4 动态视点的阅读方式

作为多视点阅读方式的一种延伸——动态视点的阅读方式，它是一种快速的多视点阅读，即将书籍的阅读内容由静态转变为动态的方法。它以一定的设计手段，通过读者的主动参与，将书中的内容在动态变化中展现别样的视觉效果。实际上，当一本书被读者从存放的书架上拿下来翻看的时候，它便由静态转变为了动态。然而，这种微妙的转变，不足以充分展现书籍的动态之美。处于动态之中的书籍具有了不同于静态书籍的特性，它能够向人们展现更加丰富多样的内容。

动态视点的阅读方式有两种表现形式。一种是通过读者对书页的快速翻动，令书中静止的页面转变为动态的画面呈现给读者。正如地铁在高速行驶时，乘客可以透过车窗在隧道墙壁上看到一系列连续的动态图像广告一样。这是通过在地铁隧道壁面加装LED光柱，并利用人眼的暂时视觉停留的原理呈现的。在书籍的设计中，也有一些设计师在此方面进行探索。另一种则是通过人与书之间的互动行为，将书籍页面中已有的视觉元素转换成一种新的呈现形式，通过动态画面给人们带来全新的视觉体验。

动态视点的阅读方式同样是在传统阅读方式的基础之上进行的拓展变化。与传统的阅读方式相比，动态视点的阅读方式呈现出新的特征。

首先，动态视点的阅读方式在内容的选择上具有一些共同的特性。书中的内容通常是以一些简洁的图形符号为出发点进行变化与延展，用这些醒目而直观的图形代替文字的叙述。这些特定的图形或符号在微妙的变化中既有联系又有区别，在排列的次序上与前后的衔接中有一定的连贯性，它们在确保书被流畅地翻阅中起着重要的作用。

比如，*Polyissues1*是为一家纸行设计的推广小书。它掌心大小，非常适合与读者手指的互动，意在向读者传达一个在资源可持续的情况下，发展造纸工业的社会责任。为了使书籍的主旨内容传达得更加简洁明了，书在每个页面中印有一个小图标，当读者把书拿在手中快速翻动时，根据人眼视觉印象的暂留效应，会把前一页阅读后的印象带到下一页的阅读中，赋予页与页之间新的生命，进而，书中静态的画面也会瞬间活动起来，转换为一种视觉上的动态画面。在书页的流动之间，作品能够向读者讲述一个关于环保的小故事。

书籍的阅读可以像连环画、电影那样具有连续性。书页的内容可以被看作电影中每一帧的组合，读者对书页的翻动行为代替了放映机的播放。在动与静的奇妙组合下，让书籍这部电影的放映充满了时间与空间的概念。其次，动态视点的阅读方式可以将书中的信息用一种更为轻松、有趣的设计形式表达出来。作品*Magic Moving Images*通过书的页面，把静态的图像转变成了有趣的动态画面。对作品的观看需要配合一个印有黑色竖条纹的透明塑料片，将塑料片平放在书中的图案上，便形成了一种叠加的视觉效果。当读者保持均匀的速度用手在书面上向右平行移动隔板时，被注视的图案就会随之一起神奇地动起来（图18）。

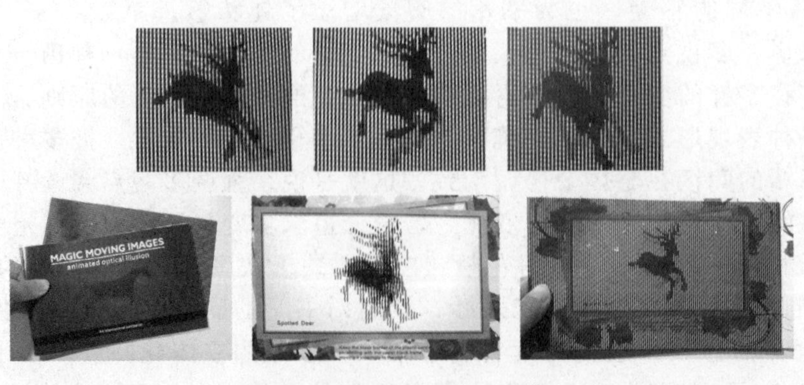

图 18 *Magic Moving Images* 书籍

这些图案包含了许多我们生活中熟悉的物体，如奔跑的小鹿、放风筝的人、航行的帆船等。在页面的静态图形中，有读者的参与行为，在作品动态的呈现中有静态的图形元素，静中有动，动中有静，动静相融，使读者在动态的阅读中得到心理与生理的满足。

精致的小开本常常作为动态视点阅读方式的呈现形式，较小的开本更易于读者把书拿在手中轻松地翻阅。动态视点的阅读方式，在应用范围方面有一定的局限性，还有待设计者去进行更多、更全面的实践与探讨。因此，这种阅读方式在当下国内外的书籍设计作品中运用得并不广泛。尽管如此，它仍是对书籍阅读方式的一种新的探索与尝试。

总之，阅读是读者与书籍亲密接触的行为，读者对书籍的阅读要经过眼视、手翻、心读的复杂过程，这其中有五感的交融，有与书籍的互动环节，也有读者思维方式的参与。但归根结底，阅读是基于看的行为，因而，特定视点、多视点与动态视点的阅读方式，都是紧紧围绕这一点进行的延伸。这三者之间的关系并不矛盾，它们分别是从三个不同的角度对书籍的阅读进行拓展，令书籍设计中的阅读方式更加多样化，以达到促进读者的阅读，拉近阅读者与书籍之间互动交流距离的最终目的。

然而，我们必须看到，拓展阅读方式的手段并不是绝对的。书籍的阅读方式还需要更多设计者的实践和研究，随着人们在书籍设计能力上的不断提高，阅读方式也会不断丰富、发展。

5　从实践角度探究阅读方式的多样性

5.1　系列书籍设计《翻》

书籍在封面、书脊等位置上的创新在今天的设计中已屡见不鲜，而在翻口这样一个活跃部位进行创新，改变书口处的设计形态，是存在一定难度与挑战性的。“翻”是一种阅读行为，一边翻一边读，便形成了一种富有新鲜感的阅读方式。对于翻书而言，慢翻是一种慢节奏；快翻是一种快节奏，读者通过对书籍的翻阅，与书产生情感的沟通和互动。

5.1.1 作品的特色

《翻》系列作品的实践创作，是针对书籍阅读方式的作用进行的尝试。作品通过设计，从功能的角度对阅读方式的多样性进行探索，目的在于将书籍的美感与实用性有机地结合在一起，让读者在翻阅的过程中得到惊喜。

翻口的设计是作品的亮点。作品通过对页面不同长短、不同角度的裁切，将书籍翻口处的页面形态进行变化，在作品的翻口处形成鲜明的区域划分，对书籍翻阅的多种可能进行尝试。作品将书的翻口进行细化，分别划分为两部分、三部分、四部分、五部分与六部分，使书口产生与之相对应的翻阅可能。力求在一本书中实现两个、三个、四个或者等更多层面上的阅读。这相对于以往的书籍翻口而言，是一种创新形式的体现（图19）。

图19 《翻》书籍

如果把书的翻口切分为三个不同的翻阅区域，那么书籍的内容也会随之被划分为三大部分。读者可以通过翻阅书口处上、中、下三个不同的位置，看到不同的书籍内容。由于每个部分的页面形态不同，这样处理书籍的翻口，就会使书籍的部分内页外露，在翻口位置便形成错落有致的阶梯形态。外露的页面空间同时也构成了书籍封面的一部分，形成一种翻口与封面一体化的视觉效果（图20）。

图20 翻口处上、中、下三个位置

为了能让读者更清楚地看到每一部分的区别，作品没有录入具体的文字与图片内容，而是将每部分的页面用不同的颜色表现出来，不同的颜色代表不同的内容。当读者把手放到相应的颜色区域进行翻阅时，翻到的所有页面都会是这种颜色。通过不断尝试，作品实现了双向翻阅的可能。读者所得到的内容将在其亲自的参与下慢慢展开，用右手翻，能看到从前到后的页面内容；用左手翻，能看到从后往前的页面信息。读者可以翻来覆去地进行阅读，因为参与方式的变化会使读者得到不同的内容，增加了作品的实用性（图21）。

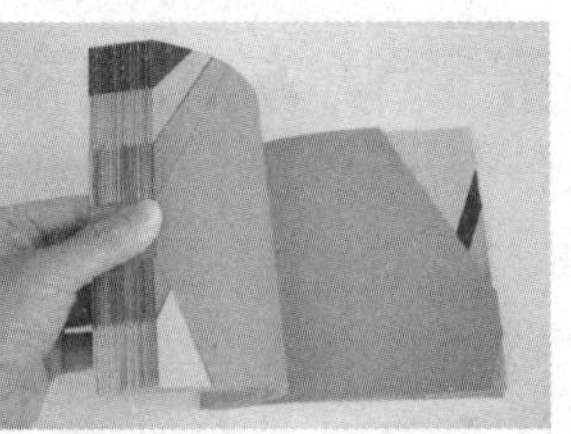

图21 参与方式的不同会得到不同的内容

书籍的形式不仅仅限于固定不变的方开本中。不同的开本有着不同的翻阅可能，从对比中可以发现，尺寸较小的开本，在不影响读者手翻的情况下，翻口的翻阅次数会相对较少。如果将书的开本扩大些，那么能不能实现书籍翻口的多种划分呢？实际上，我们将书的开本扩大一倍、两倍……以此类推，书的翻阅次数也会随之增加。由此，还可以将书籍的尺寸设定为更大的长开本，尝试增加更多翻口翻阅的可能性，使书籍的形态更加多样化，还应该把作品色彩的搭配考虑到位，使作品更加精致、美观。

作品翻动时的连贯性是实践中要解决的重点与难点。为了使读者能更加流畅地对作品进行翻阅，就要充分计算好每页翻口区域要裁切的位置、大小与变化，确保每张纸裁切的精确度。翻口划分的次数与书籍开本之间的关系也要处理得当，翻口翻阅的次数变化过多，会影响翻阅的准确度，只有两者保持一定的平衡，才能发挥作品翻阅功能的优势（图22）。

图22 翻口划分的次数与开本之间的关系

5.1.2 作品的应用

通过对作品翻阅次数的细化，以及对作品开本大小的尝试，提升了作品的实用性、观赏性与趣味性，使之具有了能够进一步推广的可能。我们可以将这套作品赋予一定的内容，为读者向左翻、向右翻的阅读过程中呈现有趣的视觉效果，使之得到更加广泛的应用。根据作品的特色与功能，其适用于一些内容较为特别的工具书、小字典、电话号码簿和宣传手册中，旅游类以及生活类图书中，或对内容划分较为明确的书籍与杂志中，以满足读者不同层次的需求。

在市面上，类似于这样的书籍形式并不多见，加之其融入了时尚感与现代气息，符合社会发展的需要，此套书还是具有较为广阔应用前景的。比如，这套作品可以应用于菜谱的设计中，使之个性十足。在一些快餐店中，菜谱会根据食物定价、种类的不同，进行一定的分类。例如，甜品类的食物会集中出现在一起，汤、果汁等饮品会集中出现。由于在快餐店里顾客往往通过翻看菜谱的方式进行点餐，菜谱中也会出现醒目的图片供人们参考。因此，以翻为特点的这套作品便可以巧妙地运用于这类菜谱中（图23）。

图 23　作品应用

5.2 书籍设计《河水》

此套作品主要是从读者的阅读感受上对书籍的阅读方式进行探索，并印证多视点阅读方式存在的无限可能。作品由两本书组成：一本的内容是介绍自然界的河流，它从宏观的视角表现自然界的外在美；另一本的内容是体现细胞的美感，它从微观的视角展现自然界的内在美。

作品《河水》旨在表现河流时而静静地流动，时而湍急地流泻，时而喧闹地交织在一起的变化之美。作品将书籍的形态进行创新，把河流的形态通过书的造型表现出来。流动的河水泛起层层水波，微微地荡漾着，令阅读者仿佛感受到河流就在自己的手中缓缓地流淌，聆听到它潺潺的水声，把愉悦的视觉感受传递到阅读者的心中（图24）。

图 24　《河水》书籍

在书的内容上，作品把细密的水纹图形铺满整个页面呈现，将简短的文字描述编排在图片中，使主题内容更加丰满。这些图形充满动感，主要是以线条语言的运用和黑白两色处理为主。图形中的线条具有一定的方向感，由曲线与折线两种形式所组成。曲线能够表达一种优美的态势，它可以让人产生一种流畅感与韵律感；折线能够表达一种转折的动势，它可以让作品形成一种变化的美感与节奏感。将二者相结合在一起，能够有效呈现出河流中水纹的层次以及水面波光粼粼的视觉效果（图25）。

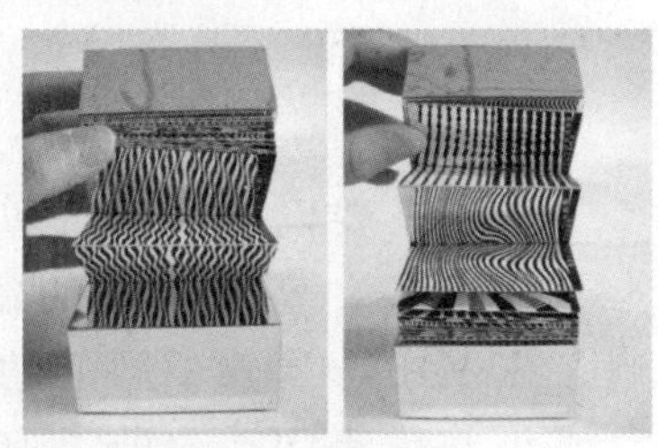

图 25　曲线与折线

作品的造型新颖别致，所组成的书页既可以作为单幅的页面浏览观看，也可以作为一个整体进行观赏。内页在经过反复折叠后，让书中的内容能在层层叠叠的页面中不断地涌现信息，既能突出表现河流川流不息的运动规律，也能使读者在不断变化的美感中回味、徜徉。通过将页面结构与图形内容相结合，充分展现河水荡漾的视觉效果。作品在整体与局部的对比中形成一种节奏美，内页图形中黑与白的对比，提升了画面的视觉冲击力，构造出了一种奇幻的视觉美感；书籍整体的外观设计与页面图形的局部细节形成了一种概括化与细密化的对比（图26）。

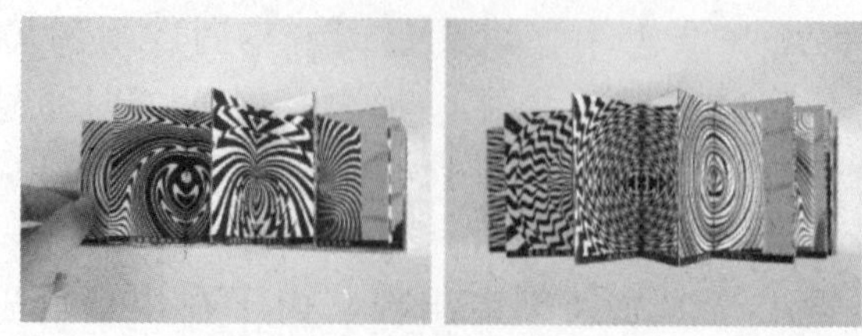

图 26　局部与整体的对比

为了将多视点这一理念贯穿始终，作品把镜面纸的材料灵活地运用到设计中，通过特殊纸张的映射呈现出河流清澈、澄明的视觉效果。利用书内的两个夹页空间将作品中的图形立体化。镜面质感的反光材料，可以根据照明光线的不同，将书中页面的图像内容甚至阅读者的身影以及周围的环境映射在纸面中，与书籍融为一体，共同形成一幅生动的画面，引发人们的联想。读者的翻阅还可以加强光线在镜面纸上的折射与反射，丰富书籍的形态表情，增强作品的真实感，使作品显得更加变化莫测（图27）。

图 27　镜面纸运用到设计中

作品《细胞》旨在表现人们日常生活中看不到的微观世界，通过图形的语言将其进行可视化，令读者亲身体验到触手可及的微观世界。细胞的个体微小，是人眼所不能看到的，它们具有一种隐秘之美，是不易被人察觉的，也容易被人们所忽视。如果以一种审美的视角探寻其中，并借用一定的工具，将这些微观物象的局部进行放大化，发掘其独有的视觉形式，它们会向我们展现出一幅迷人的景致（图28）。

图 28　《细胞》书籍

作品主要以图形语言对细胞的形态提炼概括，并通过疏密关系进行展现。细胞的图案贯穿了整本书的内容，塑造了书的整体风格。每个细胞都是一个极微小的生命体，它们相互依赖、相互影响，在书中扮演着不同的角色，共同组成了书籍这个包含万物的生命体。这些形态各异的细胞，或大或小，或集中或分散，有圆形的、有椭圆形的、有五边形的也有六边形的……各自展示出不同的性格特征。小小的元素在书籍的内部跳跃着，令书的内容更加饱满，让书得以生生不息。

折页中的细胞图形已经使书的内容丰富多彩，因此，作品在外观设计上更加追求简洁大方的视觉感受。书的封面可以放置于封底之中，巧妙地将书中的多页折叠结构隐藏起来。作品以传统折装为基础进行创新与改良，把相邻的页面用细线缝制连接，在书中建立一个立体的视觉空间。通过在局部范围内适当添加镜面材料，使书中的图形有虚有实，多了一份光怪陆离的斑斓之美，带给读者不同的身心感受（图29）。

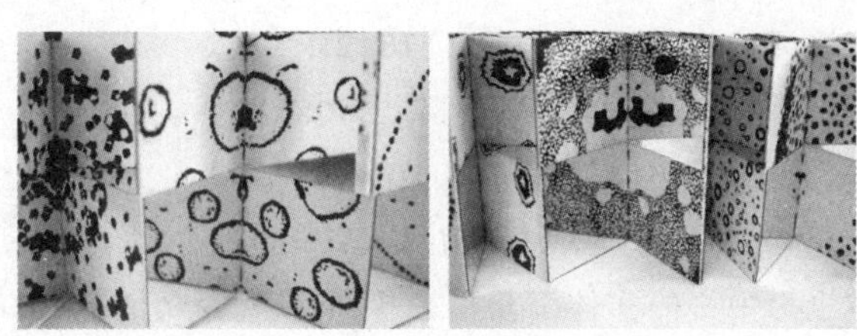

图 29　以折装为基础进行创新与改良

作品同样实现了从多个视点进行阅读的可能。从侧面看是由不同元素组成的细胞图形；从俯视的角度看，呈现的是10个相互连接的菱形，每个菱形里都包含特定的内容，使读者窥视到一个异常美丽的内部，提升了作品的观赏性。作品通过书籍的形态与独特的阅读方式相结合，让读者体会到对书籍的触碰是一件十分有趣的事。

结语

在多元化的设计理念下，书籍的阅读方式可以是传统的阅读方式，也可以是由传统阅读方式生发的特定视点阅读方式、多视点阅读方式、动态视点的阅读方式或其他形式的阅读方式。无论是哪一种阅读方式，归根结底它们的共同目的都是为了给读者带来“悦读”的感受与体验，一如既往地将赏心悦目的表现形式传递给受众。正如本文中第二部分所论述的，“悦”是“悦耳悦目”“悦心悦意”“悦志悦神”的统一。对于做书来说，改变书籍的视觉形式容易，但改变读者的阅读方式并不是一件易事。通过设计把书籍的“阅读方式”转变为“悦读方式”，达到令读者为之悦然的效果，它需要设计者们为此付出更多的努力。

书籍阅读方式的改变是为读者服务的，所以设计者要关心读者，关心书籍的内容，只有从读者的感受与书籍的内容出发，才可以设计出打动人心的优秀作品。据此可以发现，读者对书籍设计的质量要求较以往更为苛刻。设计者们也不断地尝试与探索新的视觉形和表现方法。他们致力于讲究的封面设计、创新的文字设计、严谨的版面设计、有质感的纸张以及精美的印刷和装订效果，力求使书籍的阅读更加合理、美观，提高书籍在市场中的竞争力，这唤醒了人们对于提高书籍艺术质量的信心和责任感，令人们愈发感受到纸质书籍的设计依然有更为广阔的空间等待我们去继续挖掘。

现如今，数字化阅读逐渐成为设计的新舞台，它给人们的生活方式、价值观念以及审美趣味等方面带来了深远的影响。然而，每种媒介都有其不可代替的特质，我们不能片面地评判它们的优劣。传统书籍的优势在于其具有感性的表现形式，它的实物感与真实感是电子媒介难以企及的。对书籍设计中阅读方式的探索可以让纸质书具有更广泛的价值取向，因而，它的未来是充满生命力的。其在书籍设计领域必定会有新的生长点。未来纸质书籍设计的阅读方式将会有怎样的改变，还是让我们拭目以待吧！

参考文献

[1]　安小兰. 荀子 [M]. 北京：中华书局，2007.

[2] 曹刚. 多元设计论 [J]. 装饰. 1989(3): 48-49.
[3] 付海江. 墨子 [M]. 陕西: 西安交通大学出版社, 2014.
[4] 吕敬人. 书艺问道 [M]. 北京: 中国青年出版社, 2008.
[5] 王德胜. 美学教程 [M]. 北京: 人民教育出版社, 2001.
[6] 上海市新闻出版局 “中国最美的书” 评委会. 最美的书文集 [M]. 上海: 上海人民美术出版社, 2013.
[7] 吕敬人. 书戏 · 阅读与被阅读 [J]. 设计艺术, 2012.
[8] 马晓霞. 从阅读出发的书籍设计 [J]. 出版广角, 2005.
[9] 子仁. 为了阅读, 还为了什么? [J]. 美术观察, 2008.
[10] 曾俊平. 阅读的方式与视觉的盛宴 [J]. 科技信息, 2008.
[11] 王莹莹. 以读者阅读体验为中心的实体书籍形态探析 [J]. 大众文艺, 2012.
[12] 乔洁. 书籍设计与阅读概念的实现 [J]. 中国轻工教育, 2011.
[13] 胡颖芳. 为阅读而设计 [D]. 北京: 中央美术学院, 2013.
[14] 姚佩伶. 动静相生 [D]. 成都: 四川大学, 2007.
[15] 邓雅楠. 新书籍形态设计研究 [D]. 济南: 山东大学, 2007.
[16] 吕敬人. 翻开——当代中国书籍设计 [M]. 北京: 清华大学出版社, 2004.
[17] 王受之. 世界平面设计史 [M]. 北京: 中国青年出版社, 2006.
[18] 郑军. 书籍形态设计与印刷应用 [M]. 上海: 上海书店出版社, 2008.
[19] 徐恒醇. 设计美学 [M]. 北京: 清华大学出版社, 2008.
[20] 吕敬人. 书戏 [M]. 广州: 南方日报出版社, 2007.
[21] 赵江洪. 设计心理学 [M]. 北京: 北京理工大学出版社, 2004.
[22] 吕敬人. 吕敬人书籍设计教程 [M]. 武汉: 湖北美术出版社, 2005.
[23] 余秉楠. 书籍设计 [M]. 武汉: 湖北美术出版社, 2001.
[24] 邓中和. 书籍装帧 [M]. 北京: 中国青年出版社, 2004.
[25] 安娜. 书籍设计 [M]. 北京: 化学工业出版社, 2013.
[26] 李德庚. 固态阅读 [M]. 兰州: 甘肃人民美术出版社, 2008.
[27] 陈燮君. 纸 [M]. 北京: 北京大学出版社, 2012.
[28] 余秉楠. 字体设计 [M]. 武汉: 湖北美术出版社, 2009.
[29] 李佩玲. 黄亚纪. 日本の手感设计 [M]. 上海: 上海人民美术出版社, 2011.
[30] 王德胜. 美学教程 [M]. 北京: 人民教育出版社, 2001.
[31] 马丁 · 盖福特. 更大的信息 [M]. 上海: 上海人民美术出版社, 2013.
[32] 罗伯特 · 克雷. 设计之美 [M]. 济南: 山东画报出版社, 2010.
[33] 弗雷德里克 · 巴比耶. 书籍的历史 [M]. 桂林: 广西师范大学出版社, 2005.
[34] 杉浦康平. 造型的诞生 [M]. 北京: 中国青年出版社, 2002.
[35] 伊达千代, 内藤孝彦. 版面设计的原理 [M]. 北京: 中信出版社, 2011.
[36] 佐佐木刚士. 版式设计全攻略 [M]. 北京: 中国青年出版社, 2010.
[37] 视觉设计研究所. 版面设计基础 [M]. 北京: 中国青年出版社, 2004.
[38] 鲁道夫 · 阿恩海姆. 艺术与视知觉 [M]. 成都: 四川人民出版社, 2005.
[39] 原研哉. 设计中的设计 [M]. 济南: 山东人民出版社, 2008.
[40] 安德鲁 · 哈斯拉姆. 书籍设计 [M]. 北京: 中国青年出版社, 2007.
[41] 杉浦康平. 亚洲的书籍、文学与艺术 [M]. 北京: 生活 · 读书 · 新知三联书店, 2006.
[42] 阿尔维托 · 曼古埃尔. 阅读史 [M]. 北京: 商务印书馆, 2002.
[43] 铃木成一. 装帧之美 [M]. 北京: 中信出版社, 2013.
[44] 贡布里希. 艺术的故事 [M]. 南宁: 广西美术出版社, 2008.

20世纪德国家用电器产品设计研究

作　者：赵 楠　　指导教师：龚小凡

摘要　本文以20世纪德国的社会生活为背景，以20世纪德国家用电器为主要研究对象。全文共分为四部分，第一部分为绪论，阐述了研究背景、国内外学界关于20世纪德国家用电器设计的研究现状、论文基本内容、研究方法及创新点；第二部分论述了20世纪德国家用电器的发展与德国社会生活对家用电器的影响；第三部分对20世纪德国代表性家用电器进行了分类研究，概括了德国家用电器产品的设计特征；第四部分论述了20世纪德国家用电器设计的影响，以及对当代中国电器产品的借鉴意义。

关键词　20世纪　德国家用电器　现代主义　功能主义　理性主义

1　绪论

1.1　研究背景

家用电器主要指在家庭及类似场所中使用的各种电气和电子器具，也称民用电器、日用电器。家用电器使人们从繁重、琐碎、费时的家务劳动中解放出来，已成为现代家庭生活的必需品，影响和改变着人们的生活方式，推动社会的发展与进步。德国是现代主义设计的重要源头，德国的产品设计以其独有的重功能、重理性的特质成为德国品质的象征，其家用电器的发展已逾百年历史，十分具有代表性，对德国乃至整个世界的产品设计都产生了重大影响。通过资料搜索，国内外直接以“德国家用电器”为专题研究的文献较少，而家用电器在20世纪的德国产品设计中很有代表性，所以本文将德国家用电器作为研究对象。

1.2　国内外研究综述

通过国内外相关文献的梳理和总结可以看到，国内文献大都集中在德国家用电器的品牌与技术、工业概况，德国产品设计理念和风格、产品设计教育、产品设计奖项、产品的市场和专利、设计师等方面探讨；国外文献大都集中在设计史、产品形态、设计师的角度谈德国的产品设计；2010年以前国内外关于德国家用电器的研究更多的关注其功能、形态、技术，近几年来的研究更多关注家用电器的安全性、绿色环保和可持续性。这些文献从一定角度或者某些部分为本课题研究提供了有益的资料。但目前搜集到的资料中，没有专门就20世纪德国家电产品设计进行的专题研究，所以本人将德国家用电器作为论文的研究对象，着重探讨20世纪德国家用电器产品与社会生活（社会文化生活、经济发展状况、消费水平、生活方式等）的关系，以及德国家用电器的发展、分类及设计特点。

1.3　创新点

在已有研究的基础上对德国家用电器产品设计进行了较为系统的分类研究；尝试将不同领域联系起来，探讨20世纪德国家用电器产品设计与社会生活（经济发展状况、消费水平、社会变化）的关系。

2　家用电器的发展与社会生活对德国家用电器的影响

这里主要阐述家用电器的发展以及20世纪德国社会生活对家用电器的影响。

2.1 家用电器的发展

电器的出现和使用是建立在电力应用的基础之上。20世纪出现了大规模的电力系统，经输电、变电、配电等环节输送到千家万户，使人们可以使用各种电器（图1）。

图 1 柏林通用电气公司小电机生产状况（1900 年）

第一次工业革命将人类带入了“蒸汽时代”，但德国没有把握住这次机遇。1871德国统一，抓住了第二次工业革命的机会，工业革命的发展速度很快，在电力应用方面取得了重大成就，第一次世界大战前,德国已经建立了比较系统的工业体系。人们开始思考如何让电能更好地为人类服务和提高人们的生活质量，尝试将各种技术与电能相结合，电器是其直接产物。电器的出现，不仅提高了工作效率，还在各方面改变了人们的生活。

工业进步和经济发展使得社会生产力大大提高，电器开始走进人们的日常生活。1879年，美国的T.A.爱迪生（Thomas Alva Edison）发明白炽电灯，是人类历史上第一个家用电器，随即出现了一批不同功能与用途的灯具。无线电报、电熨斗、吸尘器、电动洗衣机、压缩机式家用电冰箱、电能炉灶相继问世。到20世纪四五十年代，家用电器的种类不断增加，用途和功能也不断细化，普及率不断上升；60—80年代，家用电器的发展迈上一个新的层次，主要体现在电器的科技含量越来越高，家用电器向微型、节能方向发展。从此，家用电器类产品的产量迅速增长，品种不断增加和更新，各种照明功能、取暖功能、降温功能、声音功能、清洁功能的电器不断出现在人们的视野中，提高了人们的生活质量和生活水平。家用电器的发展经历了从无到有，从品种单一到品种齐全，从大型到小型再到微型的发展过程，家用电器使人们摆脱了繁琐费时的家务劳动，为人们的生活带来了便利与乐趣，创造了更为舒适放松、愉悦身心的生活和工作环境，成为家庭生活的必备品。

2.2 20 世纪德国社会生活对家用电器的影响

20世纪德国的社会生活由于经济发展、技术进步、社会变迁等因素发生了很大变化，从而对这一时期家用电器的发展产生了重要影响。

2.2.1 德国家用电器的迅速发展：德意志帝国时期（1871—1914年）

在德意志帝国时期，德国实现了从农业国向工业国的转变。工业大国的建立是电器制造和生产的前提和基础，为其发展提供了技术支持和环境保障；收入的提高与国民消费结构的变化，刺激了家用电器的消费。这就意味着人们有更大的经济能力消费家用电器产品，从而提高生活质量，改善生活环境。

2.2.2 德国家用电器发展的萧条期：第一次世界大战到第二次世界大战结束（1914—1945年）

在此期间，德国不仅饱受第一次世界大战、第二次世界大战的战争之苦，经历了魏玛共和国、纳粹德国的政权更迭，还遭遇了经济危机。这段时期，德国经济混乱，供应短缺（图2），农业、工业产值迅速下降，家用电器产量下滑，很多家电公司也转向了为战争服务。

图 2　20 世纪 20 年代，柏林一家施粥店门口排起了长长的队伍

第一次世界大战期间，德国家用电器乃至整个工业生产都受到很大冲击，工业原料严重短缺、劳动力不足、经济通货膨胀，使得家用电器的购买力大幅下降。1929—1933年经济危机期间，德国经济迅速下滑，很多家电公司产量骤减，有些甚至破产倒闭，整个工业生产都陷入了低谷期。纳粹统治初期，国民经济有所好转，但第二次世界大战期间，家用电器产量与销量急剧下滑，大部分家用电器公司的电器生产处于停滞状态。

2.2.3 德国家用电器发展的黄金时期：德国分裂至统一(1945—1990年)

1945年5月8日，纳粹德国战败投降，德国分裂为西德和东德（图3）。

西德战后国内环境稳定，国民经济持续增长，是西德家用电器产业迅速发展的前提；重视对电子电气业的投资为家用电器发展提供了保障；科学技术、新工艺、新材料的运用促进了家用电器不断创新。直至1978年，西德家用电器普及率已经达到很高水平，电冰箱为96%，洗衣机为81%，冷冻装置为65%，吸尘器为94%，电视机为93%。

东德建立以后，第一个五年计划促进了工业的迅速发展，也刺激了东德家用电器的消费，对家电发展起到积极作用。但在1959年，政府开始实行赶超西德的“七年计划”，使电器业受到打击。1963年东德进行了经济体制改革，给家电产业的发展带来了新的机遇，促进了家电产业高速发展。东德人民的生活水平在东欧国家中居于首位，每百户居民中拥有电视机111台，电冰箱118台。

图 3　东德边防兵把一个小孩拎到柏林墙上，让他看一眼西柏林市景（1990 年）

3　20 世纪德国家用电器产品的分类及设计特征

本部分尝试根据日常生活中家用电器的功能用途对德国家电进行分类研究；着重分析德国家电在现代主义运动中的发展变化及其对现代主义设计内涵的体现，对德国家用电器的特征进行归纳和总结。

3.1　20 世纪德国家用电器产品的分类

按照家用电器的功能和用途，具代表性的家用电器可分为照明类电器、影音类电器、厨房电器与卫浴电器。

3.1.1 照明技术的发展与照明类电器

电灯发明以前，人们主要以煤油灯、动物油灯作为照明工具。照明技术的发展与应用，使以电能为主要能源的电灯走进千家万户，不仅简化了照明程序，更加方便安全，还使照明效果大大提升。照明电器是所有类型中普及率最高的家用电器，根据使用范围家用照明电器主要有吊灯、台灯、壁灯、落地灯等（图4～图7）。

图4　柏林莫色出版社办公室的电灯（1920年）

图5　吊灯在伯根普公司设计的厨房中的应用（1905年）

图6　1953年的办公室

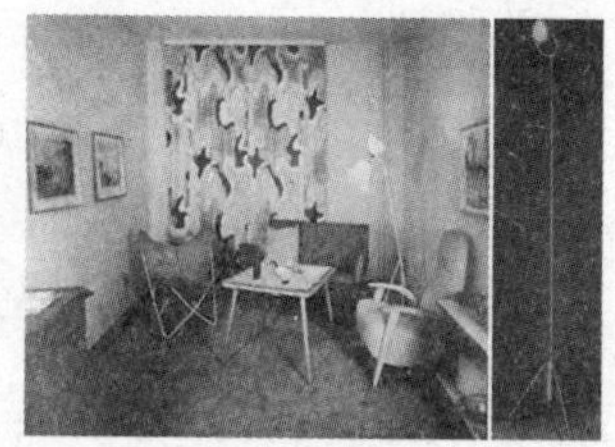
图7　落地灯在模范住房1号中的应用（1953年）

吊灯是20世纪德国家庭中普及率最高的灯具，人们根据照明需要和灯具功率的大小，可以灵活调节吊灯的高度，具有比较广的照明范围，可以满足一般的照明需要；台灯的出现使照明工具变得多样，小范围内的光线明亮，便于人们阅读、书写，并节省能源，烘托了房间气氛，使之更有生活气息；落地灯、壁灯的出现更是细化了照明的功能，使人们在不同的照明环境中有了更多的选择，不仅可以营造局部气氛，还可以点缀装饰环境。这些灯具给德国人的日常生活带来了极大便利，使人们的生活环境更加舒适，满足了人们多种照明需要。

3.1.2　影音科技的提高与影音类电器

随着影音技术的提高与发展，影音类电器逐渐走进德国人的日常生活。影音类电器是指可以显示影像或者发声的电器，主要有电视机、录像机、摄像机、收音机、电话机、电唱机、录音机、音响、协调器，影音类电器对人们的精神文化生活产生了很大影响，受到人们的喜爱，发展十分迅速。

电子管的发明与应用使人们步入了收音机时代。20世纪二三十年代，德国成为了收音机普及率最高的国家，人们可以及时收听到新闻和一些娱乐节目，广播的重点主要是轻松的娱乐节目和短小的新闻（图8）。

图8　柏林播放着音乐和娱乐节目的露天游泳场（1928年前后）

晶体管的发明和应用使人们步入了半导体时代。晶体管在收音机上的应用催生了便携式收音机的发展，使人们随时随地都可以接收信息（图9），打破了时间与地域的限制，电唱机、音响、协调器等发展迅速。此时人们的业余生活更加丰富，不仅可以被动地接受信息，对于自己喜欢的节目、唱片等还可以录制下来反复收听，人们的精神需求得到更大满足。

图9　袖珍旅行收音机（1950年）

显像管的发明使人们步入了影像时代。从开始的黑白电视机到彩色电视机（图10），它让人们进入了一个足不出户可闻天下事的时代，除了能听到声音外，人们还能更为直观地看到画面，影视作品的发展也丰富了人们的选择，使人们的业余生活更加舒适和轻松，休闲的方式也更加多元化。

3.1.3　厨房电器与法兰克福厨房

随着人们生活水平的提高，人们对烹饪环境、厨房清洁也越来越讲究，因此服务于厨房的厨房类电器发展十分迅速。所谓厨房类电器是指专供厨房使用的家用电器，是家用电器中种类最多的一种电器，主要有冰箱、面包机、微波炉、榨汁机、搅拌机、电水壶、咖啡机、电磁炉、洗碗机、消毒柜、餐具烘干机、电炉、净水器、抽油烟机等，这些电器提高了人们的生活质量，改善了厨房环境，减少了劳动消耗，尤其受到广大女性的喜爱。

图10　Porsche设计的E-72-911电视机

在20世纪的德国，厨房设计受到关注，出现了著名的“法兰克福厨房”（Frankfurt kitchen）。所谓“法兰克福厨房”就是通过人为设计来改善人们的厨房环境，使厨房变得高效、舒适、系统化的一种设计（图11）。在厨房中，可移动的轨道式照明设施独具特色；为了节约空间而使用嵌入式餐具柜、储物单元和工作台；各种电器放在合理的位置上；旋转椅的使用使家庭主妇可以轻而易举地在厨房的各个位置移动。法兰克福厨房重视厨房中电器的安排与厨房活动的组织，使之高效、整洁、有序，引领了一种新的生活方式，不仅改变了德国传统厨房比较脏乱的环境，还对世界各国的厨房设计产生了重要影响。

图11 法兰克福厨房实景（1926年）

3.1.4 卫浴电器与生活方式的变化

用于卫生的家用电器越来越受到人们的重视。卫浴类电器是指在卫生间与洗浴间使用的电器，主要有洗衣机、热水器、多功能取暖器、排气扇、剃须刀、电吹风（图12）、整发器等。这些电器改善了人们的卫生条件、卫生习惯，极大地方便了日常生活。

20世纪以后，洗衣机是对人们生活改变最大的电器之一，自从洗衣机进入普通家庭以来，不仅改变了人们的卫生习惯，而且解放了广大女性的体力劳动，对人们的日常生活产生了重要影响。图13出自1967年出版的家务顾问丛书“现代洗涤保养”，也说明了洗衣机对劳动力的解放。在理想的情况下，拥有洗衣机和烘干机的人所消耗的劳动仅占未使用这一电器时所消耗劳动的5%。家庭主妇们不再畏惧家庭成员频繁更换衣物而带来的沉重负担。卫浴电器的出现改善了人们的卫生条件与居住环境，对广大女性更是意义重大。

图12 吹风机（1928年）

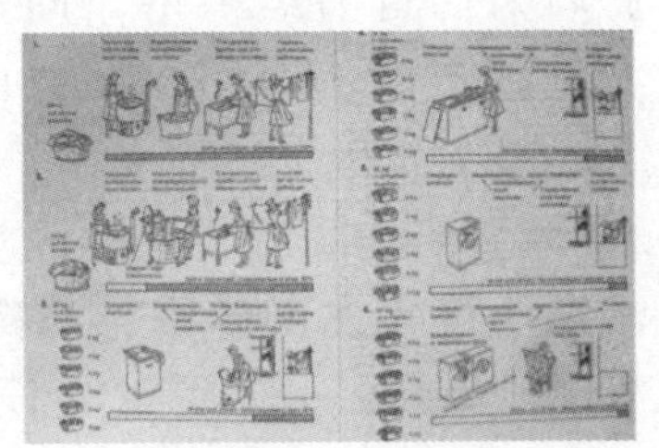

图13 德国妇女洗衣方面人工洗涤与机器洗涤劳动消耗的对比

3.2 德国现代主义运动与家用电器

德国是现代主义运动的发源地，主要经历了青年风格运动、德国工业同盟、包豪斯时期、乌尔姆与布劳恩公司的合作等几个重要时期。现代主义设计的基本特征是理性主义和功能主义，其设计理念对德国乃至世界包括家用电器在内的产品设计都产生了十分重要的影响。

3.2.1 青年风格运动(现代主义运动的萌芽)时期的家用电器

青年风格运动（Jugendstil,1896—1907年）也称为青春艺术风格运动，其主要特点是重视自然主义，反对工业化与机械化。青年风格运动不仅有新艺术运动时期的自然主义风格，而且有现代主义设计中重视功能与结构的特点，是德国设计界由新艺术风格向现代主义设计的功能主义发展的转折。

在德国，青年风格运动主要分为两个阶段，其家用电器的风格也有所不同。第一阶段是1896—1900年前后，这一时期电器的风格与英国工艺美术运动时期的风格相似，在电器的装饰上具有仿古、自然主义倾向，有些电器也遗留着哥特式风格；第二阶段是从1900年前后至1907年，此阶段的家用电器设计产品则追求纯粹、对称，强调造型原则，重视功能性，但在色彩与细节的设计上仍然可以看到自然主义的影子。

这一时期德国的家用电器正处在发展上升的初级阶段，各种电器的发展状况并不平衡：成本低、价格便宜、体积小、结构简易的电器在种类、规模、市场占有中的发展都比较迅速。因为这类产品可以明显地改善大众生活，其价格普通大众也可以接受，普及速度快，如各类灯具、熨斗等；而成本高、价格昂贵、体积大、结构复杂的电器发展相对缓慢，普及程度不高，但是也在向普通家用方向发展，如冰箱、洗碗机等。这时期的家用电器还没有被批量化生产，所以发展比较有限，但为现代主义的发展奠定了基础。

3.2.2 德国工业同盟(现代主义运动的兴起)时期的家用电器

德国工业同盟（Deutscher Werkbund）成立于1907年，其目的是促进艺术、手工艺及工业之间的联系，支持工业化生产。本时期的家用电器有了现代主义设计的特征，如抛弃装饰、追求功能、工业化生产等。

这一时期是家用电器发展的重要时期，无论从数量、规模、类型还是普及程度上都较青年风格时期有明显增长。家用电器的特征十分突出：重视材料的选择和使用；追求艺术、工业、手工艺的结合；设计师通过教育、宣传提高德国家用电器的设计水平，功能至上；适应现代化工业生产；不进行任何形式的装饰；标准化和批量化生产。从此，家用电器开始真正迈向了现代主义的风格。

这个时期照明电器、厨房电器、取暖电器、小型电器等发展迅速，是这一时期的代表性电器。著名的家用电器设计师有穆特修斯、彼得·贝伦斯等人，著名的电器公司有AEG、西门子、哈尔斯克公司等。

贝伦斯（Peter Behrens）是工业同盟的核心成员，图14是贝伦斯设计的水滴形电水壶，除去必要的结构外，其材料使用降到最少，结构和造型十分简洁，实现了功能和审美、工业与手工艺的统一。

在德国工业同盟的有力组织下，同盟中的企业相互影响，成功设计了具有现代主义特征的产品，表达出同盟的共同理念与追求，为现代主义在德国的发展奠定了坚实基础。

图 14　AEG 公司的电水壶（彼得·贝伦斯，1907 年）

3.2.3 包豪斯（现代主义的理论与实践）时期的家用电器

继德国工业同盟之后，现代主义设计在德国的发展达到了空前高度，不仅形成了系列设计理论，而且将这些理论付诸实践，这与包豪斯学院(Bauhaus,1919—1933年)所做出的贡献是分不开的。

包豪斯学院建立后，从1924年开始生产系列标准化灯具；1927年产品开始进入流通环节，灯具与电水壶、咖啡壶等成为经典之作； 1930年末，超过5000盏包豪斯灯具和照明设备被生产出售。本时期的家用电器功能至上，崇尚理性，重视适应工业大生产的批量化与标准化。此时照明领域内的电器发展迅速，也越来越成熟，最具代表性的电器设计师有威廉·瓦根菲尔德、费迪南德·格拉莫尔、玛丽安娜·布兰特（Marianne Brandt）等。

包豪斯学院将理论与实践并重，重视与实际的结合，建立了陶瓷工坊、金属工坊等，供师生进行生产实践。图15这款灯就出自包豪斯学院的金属工坊。简单的造型结构与材质选择，标志着包豪斯从传统金银锻造时代向工业生产与大众化的方向转变，它是包豪斯设计思想与理念的实践，曾获过“最佳造型”奖与“手工业保护国家奖”。

包豪斯时期以批量生产为手段，采用现代材料，具有现代主义特征的工业产品设计教育，培养了许多优秀的电器设计人才。它不仅形成了设计理念，更注重实践，使现代设计与工业生产密切联系在一起，真正实现了技术与艺术的统一。包豪斯时期是现代主义设计的一个重要发展期，时至今日这个时期生产的家用电器仍然被推崇为现代主义设计的经典。

图 15　WA24 号台灯（威廉·瓦根菲尔德，1923 年、1924 年）

3.2.4 乌尔姆学院与布劳恩公司（第二次世界大战后的现代主义）时期的家用电器

第二次世界大战以后，爱歇·舒尔(IngeAicher-Seholl)于1950年创建了乌尔姆设计学院(Ulm Institute Of Design)，并于1953年开始设计教学。

乌尔姆设计学院继承了包豪斯的设计思想，同时又有新的发展。乌尔姆时期将德国的现代主义发展推上新的高度。乌尔姆设计学院以机器美学思想、理性主义设计为核心，提倡人机工程学和系统化设计，功能与理性并重，尤其是与布劳恩公司合作以后设计的系统化电器，成为电器史上的经典。

布劳恩(Braun)公司是德国大型的家电公司之一， 1954年，布劳恩公司正式开始与乌尔姆学院合作，设计了一系列收音机、高保真系统、音响、厨房多功能机，从而开创了一种学院与企业生产相结合、理论教学与设计实践相统一的工业设计的成功模式，并形成了“系统化”原则与模数设计。所谓“系统化”原则是指以高度秩序的设计来整顿设计中的混乱现象，注重设计的整体性、结构性并进行优化设计，可使不同设计之间相互组合，成为系统。所谓模数设计是指选择指定尺寸作为尺度协调中的增值单位，使电器中的构成配件安装相互吻合，不同材料、不同形式和不同制造方法的配件、组件之间具有通用性和互换性。

这一时期家用电器最主要的特征是高度系统化，造型上的几何化、简洁化，机器美学是最重要的设计理念之一，并赢得了国际上“好造型”的良好声誉。家用电器以收音机、电唱机、音响为主的影音类电器发展最为迅速，厨房电器、卫浴电器也有较快发展。其中最重要的两位设计师是古格洛特（Gugelot）和兰姆斯(Rams)，他们的设计是德国系统设计的典范。图16所示的吹风机体现了布劳恩公司家用电器秩序化的特点。

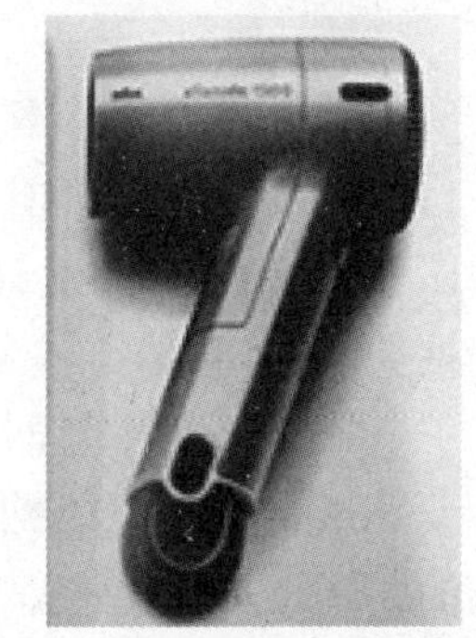

图16 罗伯特·欧贝海恩设计的Silencio1200吹风机（1982年）

由乌尔姆学院与布劳恩公司合作模式所产生的高度理性化的系统设计，对德国和世界家用电器设计都产生了巨大影响。德国家用电器设计在注重实用的功能化、形式的几何化、“为机器而设计”的标准化与批量化、为大众服务等方面，对现代主义设计的内涵体现得最为充分和典型。

德国电器从追求装饰、手工艺到追求功能、理性主义、工业化的转变，从而产生了“机器时代”的设计美学观念，是现代主义设计的一个缩影。德国的家用电器设计伴随20世纪现代主义设计运动的形成和发展，是其最重要的组成部分。

3.3 20世纪德国家用电器产品设计特征

20世纪德国家用电器产品的设计特征体现了功能主义与实用性、理性主义与几何化、系统化设计及机器美学。

3.3.1 材料、装饰、技术的功能主义

功能主义主张设计必须适应现代化工业生产和现代生活需要，重视产品的功能性、技术性，注重产品的功能性与实用性。简而言之，功能主义就是功能至上。

德国20世纪的家用电器产品是功能主义设计理念的产物，电器产品的实用性通过结构和材料来表现，重视材料的选择与应用。设计师在设计电器之前，对材料进行深入研究，从而为电器选择最经济、合适的材质，以达到保障功能前提下用料最少。图17所示的贝伦斯设计的电扇便体现了根据产品不同部分的功能选用不同材料的设计原则。

这一时期电器产品设计不附加任何装饰，在实现功能的同时，让其外形的美感自然表达出来。在许多电器中，一些看似装饰性的点缀实则也是出于功能性的考虑。图17中的电风扇铁质外壳上包裹了绿漆，是基于防锈功能出发而设计的，是功能主义与实用性的重要体现。图18是德国通用电器出品的金属灯丝电灯。

图17　型号GUO11通用型电扇（彼得·贝伦斯，1907年、1908年）34cm，德国通用电气有限公司

图18　金属灯丝电灯（彼得·贝伦斯，1907年）长14cm、直径5.7cm

20世纪德国的家用电器实现了手工艺与工业生产的结合与统一，这是其功能性与实用性突出的另一个重要原因。很多电器设计师致力于解决电器在技术改进、经济、制造工艺中的问题，将艺术与手工艺的优点注入机器生产与工业化，实现了它们之间的完美统一。这种功能主义和实用性的审美观已经成为德国文化的一部分。

3.3.2 产品造型结构、色彩的理性主义

20世纪，德国家用电器的另一个重要特征是理性主义，家用电器设计以科学为基础,设计过程中注重理性分析，强调结构的逻辑性及形式的概括与几何化。

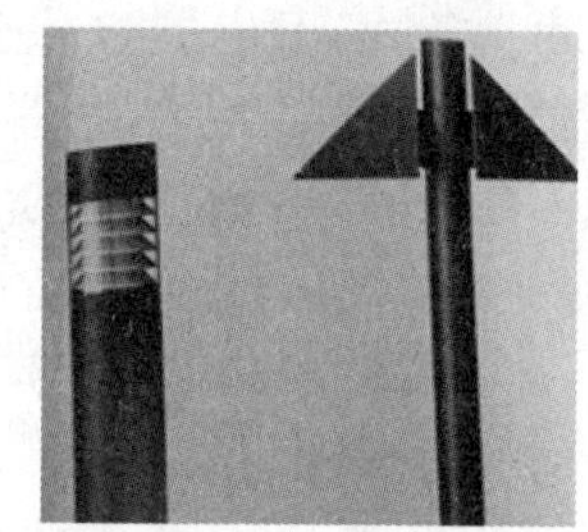

图19　Bega灯具公司的8745灯（1981年）

德国家用电器表现出强烈的几何化特征，具体细化在电器产品上主要表现在造型结构的几何化，即用简洁的几何线、形、体、块按照一定的原则进行设计。图19中的两款灯具是Bega公司在引入“方块灯砖”设计语言后设计的新产品，这种“方块灯砖”把传统的提灯形态缩减为简单的三角形、方形、圆形等几何式的基本元素。几何化特征还体现在色彩运用上的简洁统一：大多是以黑、白、灰为主的抽象色彩，低调不张扬；也有使用红色、蓝色、黄色等鲜明色彩，但是运用时也比较单纯，整体统一，界限分明，与电器造型、结构的整体风格相一致。简洁的几何形体与色彩分割，使电器呈现出深沉内敛、静穆、内涵的气质。

3.3.3 电器的系统化设计

“系统化设计”是在乌尔姆设计学院与布劳恩公司合作中产生的设计模式，它以高度秩序的设计来整顿设计中的混乱，注重设计的整体性、结构性并进行优化设计，使之成为系统。系统化设计在德国电器设计中具体表现为各种科学、技术的综合性：综合了心理学、生理学、人机工程学、工业工程学、计算机技术等科学，使电器具有高度逻辑性、实用性与电器的系统化：一种是电器部件的系统化，电器之间的组成构件具有统一的标准，可以在不同电器上互换使用；一种是电器单元的系统化，几个可独立使用的电器组合成为一个电器单元，电器既可分别使用又是一个整体，组合形成新的规范化、秩序化电器。图20是威廉·瓦根菲尔德为布劳恩公司设计的唱片机,体现了各种科学与技术的综合，包含了人机工程学、工程生理学、工程技术学、机器美学，整体感强而又严肃严谨。这种模式的形成和设计师成功的设计实践，形成了理性主义与功能主义设计新的表现形式。

图20　Kombi唱片机（威廉·瓦根菲尔德，1945—1955年）

3.3.4 德国家用电器体现的机器美学特征

20世纪德国家用电器具有机器美学（Machine Aesthetics）的特征。“机器美学”是现代主义设计

的美学观，倡导简洁、秩序、几何形式及机器所体现的理性与逻辑性，追求纯粹而理性的风格。

电器产品设计典型体现了机器美学的特征。在电器设计中，重视电器的结构美：重视结构的推敲，除去必要的功能结构，没有多余的矫饰，不刻意去掩饰电器内部的骨骼与内部结构；重视电器的秩序美：电器的设计经过比例、型体和材料的推敲，都遵循一定的逻辑顺序设计按钮和功能区的位置，通过这种逻辑形成一种秩序美感；重视电器的简洁美：在设计电器时抛开装饰性的形式，用“最少的设计”来达到设计目的，电器具有表面光洁、无装饰的简洁美感。

综上所述，无论是电器的结构美、秩序美还是造型美，都是机器美学在德国电器中的具体体现，正是因为这些特征成就了20世纪德国家用电器的独特风貌，机器美学的审美观念也使德国家用电器成了“优良造型”的代表，不仅在国内销路良好，因其良好品质也赢得了极高的国际声誉。

4　20世纪德国家用电器的影响及借鉴意义

本部分主要阐述20世纪德国家用电器产品设计的影响，将德国与美国、日本的家用电器进行比较，并论述德国设计对当代中国设计的借鉴意义。

4.1　德国家用电器产品设计的影响

20世纪德国家用电器设计是德国现代主义设计运动中不可或缺的重要组成部分，具有代表性与典型性。由于德国家用电器实用性良好、重视品质与服务，远销世界各地，形成了“德国品质”，很多国家都模仿德国的电器设计，对世界电器产生了深远的影响。

4.2　德国与美国、日本家用电器的比较

纵观20世纪世界家用电器的发展，美国和日本也在家用电器产品领域各领风骚，德国电器与美国、日本电器有着明显差异。比起德国电器的功能性与高品质，美国电器具有消费主义、折衷主义、商业化、多元化和追逐流行风格的特点，而日本家用电器则更加注重电器产品与高科技的结合、独创性、善于创造市场、细腻小巧计、人性化设计，强调设计的集体性。通过与美国、日本电器的比较，可以更直观地认识德国家用电器的风貌与特征。

美国家用电器追求在美国物质文化影响下的多样性与趣味性，市场竞争机制在美国电器产品设计中起到了重要作用，因此美国电器设计更具乐观、轻松的色彩。德国的家用电器是形式追随功能；而美国家用电器是追随市场。美国设计者首先考虑的是如何促进产品的销售，这与德国追求的设计理念有很大区别。美国的家用电器设计重视外形的改变，强调商业效益，与德国所崇尚的功能设计、以解决问题为中心的设计迥异。

日本的家用电器发展相比德国来说起步较晚，在第二次世界大战以后发展迅速。比起德国电器，日本的电器设计重视对市场的创造，以“创造市场”取代“满足市场需要”的生产开发策略。德国电器是用产品的功能性与过硬的质量去征服消费者，比较低调；而日本相比德国就高调得多，不仅善于创造市场，还表现出更强的主动性。德国电器设计以功能为出发点，因此表现出比较冷漠的工业特征；而日本设计坚持人性化设计和以人为中心的设计思想，更具有人情味。德国电器设计讲究机器美学，电器的设计具有机器般的逻辑性与精密性；而日本电器设计特别重视日本传统美学，比德国电器多了东方人的细腻（图21）。正是由于这些特征，使得日本家用电器成为在国际上具有垄断地位的产品之一。

图21　日本索尼 SRS-N100 型扬声系统（1996年）

4.3　德国家用电器产品设计对当代中国设计的借鉴意义

20世纪德国生产的家用电器很有代表性，已逐渐发展成为卓越设计与高端品质的代名词，享誉

世界；而中国也是制造业大国，家用电器的产量与销量也与日俱增，但是存在着多而不精的问题。与德国相比，中国制造虽然价格低廉，但德国制造更以质量取胜。中国电器要与德国电器竞争，还有很长的路要走。

在中国家用电器产品未来的发展中，德国家用电器产品的标准化、精确化、专注与责任感都值得中国学习借鉴。而中国电器往往更关注电器的外观，缺乏德国对产品细节的考究与精确。因此，要想在国际家用电器市场中赢得一席之位，中国需要借鉴德国电器中的精确性，不仅以价格取胜，更要提高产品的性能，以质取胜。

结语

德国设计是现代主义设计一个不可或缺的重要源头，20世纪德国的家用电器设计是现代主义设计运动的重要组成部分，如果缺少德国家用电器设计，现代主义设计将是不完整的。本文所分析的德国照明电器、影音电器、厨房电器与卫浴电器是家用电器产品中的代表性类型，相比同时期的现代主义平面设计、家具设计等领域，德国家用电器设计在功能主义与理性主义、“为机器而设计”的标准化与批量化、为大众设计等方面，对现代主义设计的内涵体现得更为充分和典型，特别是家用电器所蕴含的技术性、现代性以及机器美学特征，更是在现代主义设计中具有独特价值。

德国家用电器以其卓越设计与高端品质创造了众多享誉世界的德国品牌，对世界产品设计产生了深远影响。它所凝聚的人与产品、人与机器关系的思考仍在今天新的物质、文化境遇中给我们带来启示。

20 世纪美国生活期刊封面设计研究

作　者：陈灵燕　　　指导教师：龚小凡

摘要　本文以20世纪美国社会生活为背景，以20世纪美国生活期刊为主要研究对象。全文共分为四部分。第一部分为绪论，阐述了国内外关于20世纪美国生活期刊的研究现状，论文的大纲和主要内容，研究的目的与价值意义，以及本论文的研究方法、重点、难点与创新点；第二部分主要阐述了20世纪美国社会经济、消费实践、印刷及摄影技术以及时尚生活、女权运动对生活期刊的影响；第三部分主要分析了20世纪美国生活期刊的类型与主题、封面形象与场景、封面构图与字体设计以及封面表现手法，并比较分析了主要生活期刊的整体风格，最后指出20世纪美国生活期刊设计的大众化、多元化、精致化和整体化特点；第四部分主要对20世纪美国生活期刊同其他类型期刊进行了比较分析，并阐述其对当代我国期刊的借鉴意义。

关键词　20世纪　美国社会生活　生活期刊　期刊封面设计

1　绪论

1.1　研究背景

美国是一个期刊大国，无论是期刊的数量还是质量，其发展都位于世界的前列。其中的生活类期刊以读者广泛、发行量大而具有广泛的社会影响，是美国期刊中一个十分重要的类型。本课题所选取的《纽约客》《名利场》、*HARPER BAZAAR*、*VOGUE*、《生活》等生活期刊汇聚了大批优秀的插画大师，他们的期刊设计在当时的美国平面设计中很有代表性，比较典型地体现了美国期刊设计及平面设计的理念和风格变化。

1.2　研究综述总结

通过文献搜集与梳理可以看出，国内文献大都集中在对美国生活类期刊的发行、期刊创建以及期刊中的社会经济、文化、政治问题等方面的探讨；国外文献大都集中在对期刊发展史、整体平面设计史和插图设计师等方面的研究。但是将美国20世纪生活类期刊作为专题性研究的还很少，对美国20世纪生活类期刊的设计进行研究的就更少。而20世纪美国生活类期刊在当时的美国平面设计中很有代表性，是体现美国平面设计理念和风格变化的典型，所以本人将20世纪美国生活类期刊设计作为论文的研究对象。

2　20 世纪美国生活期刊的发展背景

20世纪美国经济得到迅速发展，工业化、城市化富有成效，迎合大众口味的生活类期刊快速发展。在第二次世界大战前后，众多优秀的欧洲平面设计大师汇聚美国，为美国的平面设计发展注入了新鲜力量，美国本土设计人才迅速成长，使其逐渐成为世界平面设计的重要中心，这也造就了美国的期刊大国地位。而生活类的期刊以其读者广泛、发行量大而具有广泛的社会影响，是美国期刊中一个十分重要的类型。本课题所选取的《纽约客》《名利场》、*HARPER BAZAAR*、*VOGUE*、《生活》等美国生活类期刊，汇聚了大批优秀的插画大师，他们的期刊设计在当时的美国平面设计中很有代表性，比较典型地体现了美国期刊设计及平面设计的理念和风格。

生活期刊属于消费型期刊，主要指贴近人们生活，满足人们日常所需的休闲阅读、新闻时尚、家庭家居等方面的期刊。这些期刊都是在美国历史上曾经或至今仍有着巨大影响力的代表性生活期刊，为传播美国多元文化和丰富人民的日常生活做出了重要贡献。本部分将研究20世纪美国经济发展和消费实践、印刷和摄影等技术条件以及都市时尚对生活期刊发展的影响。

2.1 经济发展和消费实践对生活期刊的影响

20世纪的美国经济随着战争—经济危机—战后恢复的高低变化而不断起伏，经济波动所带来的出版商投资、印刷成本、人们收入水平以及广告投放需求等方面的变化对生活期刊都产生了巨大的影响。第一次世界大战后，美国经济迅速发展，人们的消费水平和购买力大幅增加。众多企业加大了在期刊中的广告投放力度，使期刊的收入迅速增加。加上印刷、摄影等技术的进步，期刊成本下降，印刷质量上升，期刊发行量和种类不断扩大。美国期刊业进入黄金发展期。

然而，随着美国20世纪30年代经济大萧条的到来，消费者购买力下降，期刊赖以生存的广告业缩减，造成大批书籍、报纸和期刊发行量迅速下滑，大批报业、出版公司经营惨淡，发行量锐减，甚至因入不敷出而倒闭。尽管如此，大萧条对于新闻界来说仍是一段非常重要的时期，它比以往任何时期都更贴近人们的生活和心灵，成为国民生活中的重要组成部分。尤其在美国加入第二次世界大战后，美国报业和期刊对二战的报道达到了有史以来最出色、最充分的程度，在应对重大国内、国际事务的挑战中扮演了至关重要的角色。直至20世纪六七十年代，伴随着经济的恢复与发展，以及社会政治、民主的发展，美国期刊业重新恢复了繁荣景象。

尽管经济变化对期刊的广告收入、购买力和印刷质量等方面带来了巨大的波动，但美国20世纪生活期刊在质量、发行量和种类变化上总体呈现良好趋势，并成为美国传媒产业中非常重要和极富魅力的一部分。

2.2 印刷、摄影技术及广播、电视的发展对生活期刊的影响

现代期刊的发展同印刷术的改进、图片以及照片最终呈现方式的改进有着密切关联，它们影响着期刊的质量、触感、受众的阅读体验以及最终的期刊发行量。20世纪后，出版业走上了机械化生产道路，键盘排字机取代了手工排版，自动化激光、镭射扫描技术取代了传统的凸版、胶版印刷，便宜光滑、紧密易塑的铜版纸成为期刊的主要印刷纸张，刊物的印刷、出版周期缩短，成本下降，发行量迅速增长，20世纪末数字化印刷时代到来。

摄影技术在20世纪得到极大发展，任何图片都可以翻拍下来，从而引发期刊封面的巨大变革。封面的木刻版画逐渐被照片取代，图像更加清晰，色彩更加丰富，现代图片期刊开始问世。众多生活期刊采用摄影照片展示主题，吸引读者注意力，提高发行量。60年代后，照相制版技术取代了金属拼版，期刊中的文字、图像可以自由处理。从此，期刊制版更加高效、快捷。到20世纪80年代，电子科技时代到来，电脑数字化技术与摄影技术相结合，期刊封面更有创意。

印刷、摄影技术促进了期刊业的发展，而20年代后广播、电视的应用却给报刊带来巨大的冲击。尤其第二次世界大战后，彩色电视机的发明，使电视逐渐取代期刊成为大众接受外来信息的主要媒介。它们不仅使期刊丧失了一部分读者，还抢走了大部分期刊赖以生存的广告份额。直接使期刊的投入资金减少，期刊质量降低、发行量大幅减少，许多老牌生活期刊走向衰落。如《生活》期刊就因广告收入被电视夺去而于1972年停刊。另外，电视的产生客观上也刺激了期刊的发展、改革，使期刊更加专业、灵活，与时俱进。

2.3 时尚生活、女权运动及文化教育对生活期刊的影响

20世纪后，电力的广泛应用让人们的夜生活更加丰富，电影院、歌舞厅开始受到大众欢迎。现代大型交通工具的出现和现代运动场馆的建立，使人们的休闲活动不再受时空、场地、距离的约束，方式更加多样。五六十年代后，听流行音乐，观看体育赛事、节目表演成为潮流。这些都为生活期刊的创作、设计提供了丰富的素材。期刊成为反映社会潮流的标志，反过来也成为社会潮流的引领者。

女性地位的提升对生活期刊在内容、导向等方面也产生了重要影响。从1914年英国女权运动的首次爆发到1964年人权法案中“职业中的性别和种族歧视非法”法案的通过，女性社会地位得到了认可。女性不再是报刊界的边缘人物，大量女性加入到出版行业中来。生活期刊也开始比以往更加关注女性，内容涉及女性健康、家庭、服饰、工作等各方面，并传达女性呼声，为女性提供相关的借鉴和参考性意见。

除了时尚生活、女权运动外，民众的受教育水平也是影响期刊设计的重要因素。20世纪后，随着国家对教育扶持力度的加大，受教育的美国人越来越多，学历水平也不断提高。许多大专院校开办新闻专业，出版公司中受过高等教育的记者、编辑也越来越多，不论读者还是期刊编辑文化素养都逐渐提高。这不仅扩充了出版人才队伍，还为期刊培育了大批潜在消费群，为日后期刊业发展提供了基础。随着教育的不断细化、延伸，各种传播媒体的出现、融合，生活期刊设计更加专业，报道更加深入。

3　20世纪美国生活期刊的类型及其封面设计

作为消费类期刊的主体，生活期刊拥有大量而丰富的刊物类型，成为反映社会经济、政治、人文等各方面的舞台，而刊物封面更是折射美国20世纪社会历史风貌的一面镜子。《纽约客》《名利场》、*HARPER BAZAAR*、*VOGUE*、《生活》《美好家园》等生活期刊在图案色彩、版式结构、字体运用和整体风格等方面的发展变化极具代表性，是研究20世纪美国生活期刊的整体设计理念、设计风格和印刷材质等方面特点的典型素材，它们都以自身特色展现了20世纪美国期刊及平面艺术的风貌。

3.1　期刊类型与主题

为深入分析研究美国20世纪生活期刊的设计，本节主要从刊物的图文整体设计和期刊出版主题两个方面进行分类。

从刊物的图文整体设计上分，20世纪美国生活期刊可以分为以文章为主和以图像为主两种类型。大部分的20世纪美国生活期刊都是以文章为主，如《纽约客》《名利场》《美好家园》和*VOGUE*等。在这些期刊中，除了期刊封面和内页广告外，大部分的刊内插图都是作为文章的配图而存在。即使到20世纪后期，生活期刊中的广告或插图大增，也没有动摇文章在期刊中的主体位置。以图像为主的20世纪美国生活期刊很少，但《生活》期刊是个例外。《生活》从创刊起就将期刊的展现方式定位为以图片为主。

期刊的出版主题主要以办刊宗旨、性质为主要依据，因此，从期刊主题来说，20世纪美国生活期刊大致分为四类，即社会新闻类、居家生活类、女性时尚类和综合类。社会新闻类主要以社会新闻、国际热点和名人逸事作为期刊发行主题，从大众的角度来探讨事件对人们日常活动和消费实践造成的影响，以《生活》和《名利场》为代表；居家生活类更多关注日常最贴近人们的家庭生活，涉及范围包括饮食、健康、教育、休闲等内容，以《美好家园》和《星期六晚邮报》为代表；女性时尚类生活期刊旨在挖掘时尚、宣传时尚进而引领时尚，以*VOGUE*和*HARPER BAZAAR*为代表；综合类生活期刊宗旨在对大众生活的综合性表达，集新闻报道、时尚娱乐、杂文欣赏、幽默漫画及商业广告于一体，属于休闲阅读类期刊，以《纽约客》和《读者文摘》为代表。

3.2　封面形象与场景

作为人们最先注意的部分，封面历来都被出版商和读者所重视。尤其是造型夸张、颜色刺激、构图新颖的封面更能使期刊在众刊物中脱颖而出。封面还往往是读者判断期刊主题的主要依据。20世纪美国生活期刊的封面形象大致可以归纳为人物、动物、生活场景和自然景观四种。

人物是20世纪美国生活期刊最常见的封面形象。按封面出场人物的比例划分，有女性和其他人物两种。女性是生活期刊封面上最常见的人物形象，从名人政客到普通农妇，直接展现了20世纪美国女性在精神面貌、妆容、服饰等方面的变化。除女性形象外，生活期刊封面也会使用很多其他人物形象，如儿童、男人和老年人等，这些人物形象多作为新闻主角出现。

此外，动植物的形象也经常出现在生活期刊的封面上，尤其是居家生活类和休闲阅读类期刊。这些封面形象直接向人们展示期刊主题、关注点，形象充满生机与活力，极具欣赏性。

除了多元化形象外，大众化生活场景也是生活期刊封面表现最多的内容，包括：①新闻场景，内容涵盖科技发明、名人逸事，还有各行业盛事等多方面的新闻，画面真实，场景震撼，引发人们的强烈关注；② 家庭场景，多展现家人亲子互动、居家环境、家庭团聚、婚礼等；③ 社交娱乐场景，如舞厅跳舞、剧院观影、交友聚会等；④ 旅游休闲场景，如运动比赛、度假旅游、节庆活动和艺术展览等；⑤ 城市场景，以纽约、华盛顿等大城市的场景为主。自然景观也经常作为少数生活期刊封面设计的宠儿。与城市景观不同，自然景观的封面在题材上更多的表现人迹罕至的山野风光和纯正的自然美景，充满艺术感。

尽管不同类型的生活期刊主题不同，封面形象也各具特色，但封面形象总是围绕着期刊主题而变化，并将期刊的自身特色同大众的日常生活结合，成为美国社会与大众沟通交流的媒介。

3.3 封面构图

除封面形象与场景外，封面构图是期刊设计中最重要的部分之一，是读者识别期刊的重要标志。20世纪美国生活期刊的封面构图类型主要有四种，即图像加刊名型、图像加主题词型、图像加目录型和全文字型。①图像加刊名型。封面主体为一幅图像，期刊名称、出版日期及价格等文字印在图像上方，整齐排放。这种构图在20世纪30年代以前占主导地位，如图1所示。②图像加主题词型。在30年代以后开始流行，比图像加刊名型增加了一些主题关键词或短语，便于读者迅速了解期刊内容，与刊名文字分开放置，如图2所示。③图像加目录型。以《读者文摘》为代表，整个期刊的构图左边为目录，右侧为长条图像，两者排列整齐，如图3所示。④全文字型。意味着期刊封面只有文字。多见于严肃的政治、学术类期刊封面，利用关键字字号、颜色的变化来增加活泼性和主题性，如图4所示，封面中红色文字特别醒目，直接向读者传达了期刊主题。

图1 《纽约客》

图2 *HARPER BAZAAR*

图3 《读者文摘》（一）

图4 《读者文摘》（二）

除统一的构图分类外，《纽约客》《名利场》、*HARPER BAZAAR*、*VOGUE*、《生活》等美国生活类期刊均有明显的构图特色。时尚生活期刊*VOGUE*刊名突出，主题文字围绕图像构图，整体比较轻松自由。老牌时尚期刊*HARPER BAZAAR*的构图始终保持刊名与图像的结合，刊名居中，构图稳定、平衡，整体简洁、大气。《纽约客》构图风格始终如一：诙谐的插画、最左边的细长条，以及上方的独特刊名文字。整体构图单一却不呆板、变化而讲究和谐，是期刊构图的良好范例。《名利场》的封面多用线、面分割图像和文字的排列，与现代设计风格结合，构图寻求创新。《生活》在创刊时就确定了固定的构图样式，突出刊名，大胆使用大红色块，整个封面构图醒目、整齐。《美好家园》的封面构图风格更迭较多，更新具有整体性。就整体而言，这些期刊的构图都是文字让位于图像，整体简洁、有力，注重稳定和创意，力图形成统一的封面视觉系统，增加期刊自身的识别度，如图5～图10所示。

图5 *VOGUE*

图6 *HARPER BAZAAR*

图7 《纽约客》

图8 《名利场》

图9 《生活》

图10 《美好家园》

3.4 封面字体与设计

一个清晰、明确又独具特色的刊名字体直接影响着期刊整体封面的风格和读者对期刊性质和类型的识别定位。因此，要确定一本期刊的性质和宗旨，对刊名字体的设计尤为重要。作为20世纪美国生活期刊的代表，*VOGUE*、*HARPER BAZAAR*、《生活》和《纽约客》等期刊的刊名字体与设计就十分具有代表性。

《纽约客》的刊名全部使用大写的“Irvin体”（图11），艺术性、手工雕刻感强，人文气息浓。为呼应字母W，NEW中字母E下端笔画拉长，颜色呼应插画色调。整体刊名线条遒劲却不失柔和。《生活》的刊名放置在期刊左上角，刊名为红底白字，全部采用大写的粗黑体（图12）。字体整齐，显眼，笔画粗细、字间距相同。设计简洁、明确，和期刊报道新闻直接、快速的特点不谋而合。《美好家园》的字体设计变化较大（图13）。字体逐渐由描边、加下划线装饰的“Albertus体”向更加时尚、现代的罗马体过渡，排版在双行和单行之间变换。同《美好家园》一样，*HARPER BAZAAR*的字体设计变化也比较丰富（图14）。字体逐渐由早期的装饰字体向新罗马体转变，风格简洁高雅。*VOGUE*的字体设计变化最为丰富，从无饰线的黑体到现代的创意字体和新罗马体，风格日渐时尚、大气（图15），大胆的用色使颜色也更加鲜亮，使整个封面的视觉冲击力加强，这与*VOGUE*华美的封面风格一致。《名利场》使用的字体形式主要有三种，即描边新罗马体、弗图拉字体和创意字体。字母的间距较小。字体创意设计主要参考艺术风格，刊名整体充满设计感（图16）。

图11 《纽约客》刊名字体为Irvin体

图12 《生活》刊名字体为粗黑体

图13 《美好家园》刊名字体（自上而下）为Albertus体、罗马体

图14 *HARPER BAZAAR* 刊名字体为新罗马体

图15 *VOGUE* 刊名字体（自上而下）为无饰线黑体、现代创意字体、新罗马体

图16 《名利场》刊名字体（自上而下）为弗图拉字体、创意字体

通过对主要生活期刊的字体设计分析发现，大多数生活期刊在时代的变化和各种设计运动的影响下，不断改变期刊的字体设计。从描边装饰的Albertus体，到粗细一致、简洁的黑体，再到时尚、大气的罗马体，许多生活期刊常用的字体逐渐确定下来。至此，生活期刊的整体设计风格也逐渐稳定下来。

3.5 封面表现手法

为了在众多的期刊竞争对手中先声夺人、彰显个性，许多出版商聘用各种不同绘画风格的插画师、艺术家和摄影师来设计期刊封面，因而出现了不同期刊不同风格，同一期刊不同阶段不同风格的局面，为后人研究分析20世纪美国生活期刊设计风格提供了参考。总体而言，20世纪美国生活期刊的表现风格可大致分为三种，即绘画风格、摄影风格和混合风格。

绘画风格封面像是艺术作品，让人观赏品读、回味无穷。尤其在彩色摄影技术并不发达的年代，期刊几乎全部使用绘画手法来表现封面。这些绘画风格又有装饰艺术风格、立体主义风格、漫画风格和手绘风格四种。装饰艺术风格线条简洁、大胆、流畅，色彩绚丽，图案极富装饰性；立体主义风格受立体主义画派影响，多使用线条分割，呈现立体效果；漫画风格形象诙谐，线条概括，颜色明快，画面生动有趣；手绘风格形式自由，既有钢笔、铅笔速写，也有精致的油画、水彩画等，写生性强，随意自然。

摄影风格随着摄影技术的出现而产生，比绘画风格更真实、清晰，主要有纪实和创意两种表现形式。纪实风格的摄影照片以人物或场景的真实再现为主要目标，具有记录历史和生活的功能。尤其在呈现一些重大事件和场面时，更易引人注意、震撼人心；创意风格多用在时尚类生活期刊封面上，兼具商业性和艺术感。主要采用光影、排列和重叠等手段，对人物形象和照片排列进行创意设计，与电脑技术联系紧密，具有更多的技术性和创造性。

现代混合风格以现代电脑技术为依托，以波普艺术风格为导向，是对以往诸多艺术、绘画、设计和摄影等手段的综合运用，是为探索新的表现方式而进行的大胆实验。因此，也可以将这种风格称为当代设计风格。多运用裁剪、拼贴、涂鸦和堆叠等方式将绘画、摄影、布料、报纸以及其他材质进行混合。元素混杂，个性大胆，具有明显的后现代艺术风格。

3.6 20世纪美国生活期刊的整体比较与设计特点

经过以上对20世纪美国生活期刊的分类以及封面设计的分析，阐述了20世纪美国生活期刊的类型以及期刊封面在图像、字体、构图以及表现风格上的发展变化。《生活》期刊政治性强，风格严谨、理性。*HARPER BAZAAR*风格活泼而不失稳重，彰显出一代时尚大刊深厚的时尚底蕴和优雅的气度。*VOGUE*期刊风格时尚奢华，大胆前卫。《名利场》将期刊风格中的低调、华丽和奢华交织得十分恰当。《纽约客》整体呈现出幽默风趣、活泼生动和贴近大众的风格。而《美好家园》的色调沉稳，形象饱满，风格更加沉稳。

虽然由于刊物宗旨、性质的不同，每个期刊表现出不同的封面风格，但20世纪美国生活期刊作为相同的期刊类型，仍有许多共同点。首先，封面形象大都选择大众关注的焦点和表现大众日常生活的主题形象。集中体现了面向大众，表现大众生活的期刊定位。其次，美国与生俱来的融合性、包容力，使它能充分吸收来自世界各地的各种艺术风格，兼收并蓄，从而使20世纪美国生活期刊的封面形成了多元化风格。再次，不论是时尚、时政生活期刊，还是休闲、居家类生活期刊，其期刊封面在印刷、制图、色彩运用和设计排版等方面，都不断走向精致，带给读者新的阅读体验和视觉享受。最后，不论期刊中字体、构图和图像如何改变，体现期刊自身特色的视觉系统都保持相对统一和延续。这些整体化的视觉标志连同其他元素一起，共同形成了期刊整体的风格与特点，成为人们眼中特定期刊的视觉代表。

总之，美国20世纪的生活期刊在国内外政治、经济、文化和艺术等各方面的影响下，不断变化发展。它报道国际大事，让美国人了解世界；在封面上融合各种艺术风格，将最新艺术设计形式呈现给大众；不断提高期刊封面质量和设计标准，满足大众的审美需求；随着时代的发展不断统一各要素的呈现形式，使封面成为期刊具有标识性、代表性的视觉象征。可以说，美国20世纪生活期刊不仅是美国人获取国内外资讯的渠道，也是促进大众沟通、交流的桥梁，更是大众提高认知、审美和生活品质的重要途径。

4　20世纪美国生活期刊对我国期刊的影响及借鉴意义

早在八国联军侵华之时，美国期刊就开始对我国期刊具有一定的影响。伴随着美国传教士的来华传道，我国期刊受美国期刊的影响日益明显。例如，1904年在上海创办的《东方期刊》主要是模仿美国生活期刊《而利费》（*The American Monthly Review of Reviews*，即《美国评论月刊》）的期刊封面设计。其在创刊号的简章中就有自我表述："本期刊略仿日本《太阳报》、英美《而利费》报体裁。"《东方杂志》封面上的地球图案就是模仿《美国评论月刊》的封面（图17和图18）。除《东方期刊》外，我国还有很多期刊也纷纷在绘画技法、线条和版式设计上模仿美国生活期刊的封面设计，对其封面进行再创造，如民国期刊《大众》（图19）。可见，我国早期的期刊已开始学习借鉴美国及其他西方国家的刊物设计与风格。

图17　《东方杂志》

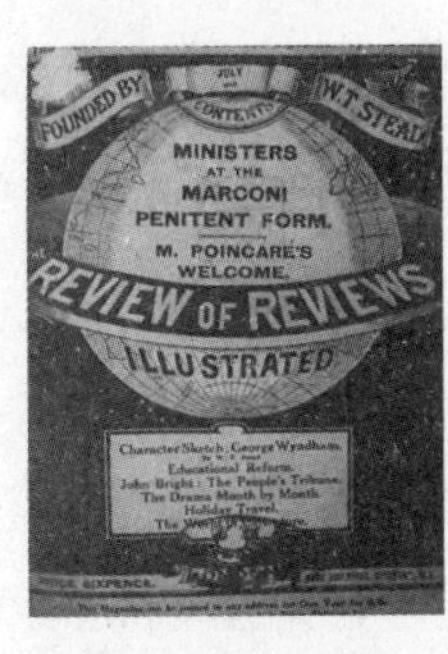

图18　《美国评论月刊》

图19　《大众》

除对美国生活期刊的模仿和借鉴外，众多有着当时西方现代艺术背景的作家和画家群体的加入，对我国期刊的封面设计也产生了重大影响，如钱君匋、陈之佛、叶浅予和黄文农等绘画大师。他们将西方现代设计风格同我国文化传统相结合，对期刊封面和字体进行再设计，逐渐形成了具有中国特色的期刊风格。在今天我国期刊的发展过程中，仍需向20世纪美国生活期刊学习，尤其要借鉴美国生活期刊定位精准、对读者负责、重视封面创意、紧跟时代的特点和经验，并结合我国实际，创造出属于中国的生活期刊特色。

4.1　精准的期刊定位

对期刊的精准定位是20世纪美国生活期刊的一个重要特点。它主要体现在对受众群体年龄、收入、职业等属性的准确了解及对期刊属性、宗旨的全面把握上。例如，生活期刊《儿女》将期刊定位在孩子上，根据读者家中不同年龄段的孩子来分发多份带有不同插页的期刊。我国期刊虽然对自身的定位不断精细化、专门化，但对受众群体的精准定位和分析仍显不足。例如，面向大众的《读者》期刊多刊登面向青少年群体的电脑、电子词典广告，而面向一般大众的日常用品广告很少。因此，要想获得长期发展，对期刊受众和期刊宗旨的精准定位非常必要。

4.2　对读者负责

20世纪美国生活期刊本着对读者负责的态度，在期刊内容、阅读效果以及广告宣传商品的质量上都严格把关。例如，生活类期刊《好管家》专门成立质量检测中心，对刊发的广告产品进行质量检测，通过后才予以刊登，并打上《好管家》产品质量认可标志。这种做法不仅保证了宣传产品的质量，还维护了读者的利益，使《好管家》成为品质优良、读者放心、最有公信力的生活期刊。正是这种对读者负责的态度，使20世纪美国生活期刊建立了庞大、稳定的读者群。而我国大部分期刊被丰厚的广告利润吸引，对广告商品质量的查验较少，从而为刊物和读者留下隐患。其实，对读者的负责更是对自身、对社会的负责。

4.3 丰富多彩的封面设计

重视封面创意是美国20世纪生活期刊能够持久发展的一个重要原因。总览美国20世纪的生活期刊封面可以发现，这些封面既有经典艺术、流行设计风格的借鉴，又有各种大胆创意，手法灵活，成为期刊封面设计学习、借鉴的典范。随着电脑技术的发展，我国现代期刊越来越重视封面的视觉效果。但我国期刊封面设计有雷同、缺乏个性和独创性以及跟风甚至抄袭的现象，在此应学习、借鉴美国生活期刊封面设计的创意与特色追求。

4.4 与时代同步

20世纪美国生活期刊从创立到发展都离不开与时代同步。战争时期，生活期刊倡导人们节约资源，并提供节俭方案。女权运动爆发时，及时展现女性独立，深入探讨男女地位问题。随着计算机的发展应用，又适时将实体销售与网络出版并行运营。这些也为我国期刊的与时俱进及数字化发展提供了经验与借鉴。

当然，在向美国20世纪生活期刊学习时，要取其精华，去其糟粕。结合我国期刊发展实际，设计出具有中国文化底蕴的特色期刊，促进我国期刊及平面视觉艺术的发展。

结语

在美国20世纪期刊中，生活期刊是一个十分重要的类型。它不仅与社会经济、政治、文化相联系，也是艺术、设计、摄影以及印刷技术发展的见证者。其在期刊设计上的丰富特色与经验，对我国期刊的发展和创新具有较大的借鉴意义与参考价值。学习借鉴美国生活期刊的历史经验，对于做好中国期刊，传达中国声音，推动中华文化走向世界具有重要的现实意义。

二〇一七届

基于隐喻的图形用户界面设计研究

作　者：王熙瑶　　指导教师：王　愉

摘要　随着大数据时代的来临，界面设计进入了飞速发展的阶段。图形用户界面作为人机交互的媒介，承担着发挥软件功能、提升用户体验的重要任务。隐喻作为一种认知思维方式，在人机交互中发挥着巨大作用。基于隐喻的设计图形用户界面以用户经验背景为基础，为用户提供相关启示，助其完成任务操作。

本文首先阐述了研究的背景、现状、意义以及研究的方法、创新点；其次，对图形用户界面与隐喻的相关概念进行释义，并对图形用户界面的分类、隐喻的工作机制以及基于隐喻的图形用户界面设计的发展历程进行概括总结；再次，研究结合具体设计案例，探讨了基于隐喻认知思维设计图形用户界面的作用，把其分为基于方位隐喻、本体隐喻、结构隐喻设计的不同类型；最后，通过分析基于隐喻的界面设计的不同类型的侧重点，提出一定的设计方法及设计原则。

关键词　图形用户界面　隐喻　认知思维　操作行为

1　绪论

1.1　选题的背景及来源

1.1.1　选题背景

随着软件行业的快速发展，以互联网为核心的信息技术广泛应用，图形用户界面设计这一领域正在不断扩大。每天的任意时刻，都有数不清的用户在发送E-mail、用MP3听音乐、用手机发送即时消息……图形用户界面在推动软件产业发展的同时，也拓宽、完善了人类的生存环境。人们每天都会和图形用户界面产生多次对话：休闲时上网看电影娱乐，外出时使用移动端软件导航、预定美食。图形用户界面的使用已经成为人们生活中不可或缺的一部分。然而，在日趋丰富的图形用户界面为用户带来便利的同时，也为用户在使用过程中带来了一部分认知困难和障碍。例如，越来越多的功能使用户无从下手以致出现操作失误；软件平台操作流程各异，用户时常无法理解运用。当图形用户就界面的设计难以被理解，或者用户的操作无法达到自己的心理预期时，用户就会感到困惑、烦躁、生气甚至失望，所以不恰当的隐喻设计将会给用户带来负面情绪，甚至导致操作任务失败。

隐喻作为一种认知手段和思维方式，在图形用户界面的使用过程中起着重要作用。隐喻的运用能够有效地把一件事物、一种关系、一种情感甚至是一种观念借由人们熟悉的方式表达清楚，使用户快速地捕捉到其背后的含义，并且与抽象难懂的计算机系统功能相连接，从而帮助用户快捷、高效地完成任务。早在1984年，苹果公司发布的Macintosh系列计算机系统就已经开始基于隐喻进行设计。例如，虚拟桌面正是对应于现实生活中的桌面，抽象的桌面概念瞬间变得简单易懂。1995年，微软发布的Windows 95系统的图形用户界面中首次出现“菜单”，正是对应人们在现实生活中点餐时由餐厅提供的菜单，这也隐隐提示用户其包含“可选择”的操作选项。

在图形用户界面设计行业的发展过程中，用户的地位被不断凸显出来，设计师为了提供更好的人性化服务，提出了“以用户为中心”的口号，这在很大程度上改善了图形用户界面难以操作、难以应用的状态。贴心的隐喻设计不但能帮助用户快速地完成认知与操作，还能够触发用户的心理变化，带给用户愉悦的情感体验。

1.1.2　选题来源

本选题来源于对图形用户界面设计原则及方法的思考。自图形用户界面诞生以来，相对于字符界面而言，前者完成了以图形为媒介的用户与系统之间的沟通。图形用户界面以更自然的视觉语言促进了更好的人机交互，并且减轻了用户的认知负担，这改变了早期只有专业人员才能完成操作的应用状态。图形与字符相结合，不但扩大了适用人群，也降低了操作难度。图形用户界面的应用是理解用户从而进行设计的一步跨越。

随着电子技术的迅猛发展，市场上功能各异的软件产品竞相涌现，软件技术、软件功能逐渐趋于平均化。为了赢得更多用户的信赖，获得市场竞争优势，要创造良好的图形用户使用环境，要求设计师在设计时更加注重减轻用户认知负担，设置人性化的操作流程。研究怎样基于隐喻对图形用户界面进行设计，也是研究怎样基于用户认知系统进行设计，在“以用户为中心”的目标下，降低用户的学习成本。现今，以人为本的设计理念不断受到重视，图形用户界面设计也把更多的关注点转移到用户自身。为了提高图形用户界面设计的可用性，满足用户需求，有关界面设计的理论研究也逐渐把用户心理、认知、行为纳入研究范围之中，希望通过恰当的隐喻设计，与用户建立情感连接，创造积极的用户体验。

1.2 研究意义

1.2.1 理论意义

当前，对于图形用户界面设计理论方面的研究，主要集中于视觉上的艺术性表现手法研究和技术上的物理应用研究。在设计范围内，还包含对于界面设计的实际操作流程研究。也有一部分研究集中在用户体验设计上，以图形用户界面设计作为例证进行归纳总结。基于隐喻的图形用户界面设计，大部分把隐喻作为一种修辞手段，而非作为一种认知思维。在这种形势下，很多研究过于借鉴国外现有研究成果，并且有部分关于实际操作方面的研究在一定程度上过于表面化。

图形用户界面的快速发展，对设计提出了更高的要求。本文基于隐喻对图形用户界面进行研究，实则是对于图形用户界面设计方法、原则的探索。研究内容结合不同学科的相关理论知识，试图打破界面设计、用户体验设计、交互设计相互之间独立的局面。并且，基于隐喻的思维方式，指出图形用户界面的设计原则，希望能够为设计人员进行界面设计提供一种不同角度的设计思考。

1.2.2 现实意义

就实际应用而言，图形用户界面设计与现代人日常生活息息相关，因此基于隐喻方法研究图形用户界面设计有较强的实际应用价值。从设计师角度而言，系统地探索图形用户界面设计方法，可以为设计人员开拓不同的设计思路。

从用户角度而言，成功的软件界面设计的相似之处在于：设计对用户友好的界面。无论后台系统多么庞大复杂，前台的图形用户界面是给用户的第一印象，是人机交互的媒介。基于隐喻设计图形用户界面，是以用户的认知为基础，重新考虑界面设计，从而作出有效引导，创造积极的用户体验，达到“以用户为中心”的设计目的。

从企业角度而言，基于隐喻的图形用户界面设计，能够在满足用户需求与达到商业目标之间找到微妙的平衡。符合用户认知的软件界面设计能够更快地帮助用户获取使用方法、完成任务，这无形之中加强了用户与产品的情感连接。并且，增加用户黏性，能够使企业在达到当前商业目标的情况下，吸引更多新用户使用软件，从而创造更多价值。

1.3 国内外研究现状

1.3.1 国外研究现状

国外对图形用户界面的研究相对较早，因此相较于国内而言更加广泛、深入。早在1983年，唐纳德 · A.诺曼(Donald Arthur Norman)就基于用户认知提出了软件用户界面的一系列设计准则。作为创立认知科学学会的发起人之一，诺曼从意识和潜意识机制的作用、人类的活动及理性需求方面推论出用户应清楚地了解系统的状态和操作模式，因此系统在结构和指令设计上应减少用户负担。这部分研究使人们认识到图形用户界面可用性问题日益突出。诺曼不但把心理学、认知科学与人机工程学等学科结合在一起，拓宽了研究领域，还引入了多种理论方法。

在1986年，西德尼·L.史密斯（Sidney L.Smith）和简·N.莫热（Jane N. Mosier）曾为用户界面设计提出了诸多准则，这份设计指南涵盖6个功能区，即数据录入、数据显示、顺序控制、用户指导、数据传输和数据保护。它较全面并且目的明确地指出了图形用户界面在应用层面的设计准则。施耐德曼（Ben Shneiderman）与普莱萨特（Catherine Plaisant）在1987年的研究中，为用户界面设计提出了8条准则，即“界面设计的8条金科玉律”，这8条准则强调了界面设计应考虑到用户的满意度，减轻用户使用压力并确保界面设计的一致性和系统性。可见在界面设计的领域中，用户的地位逐渐凸显出来，设计师开始把用户体验更多地纳入设计过程的思考范围之中。

出于对图形用户界面设计中用户体验的思考，克鲁格(Steve Krug)认为，用户对图形界面可用性、易用性的需求是优秀界面设计的秘诀之一。约翰逊（Jeff Johnson）的研究将用户的认知纳入设计思考中，并将心理学的基本原理与设计的基本原则有机地结合在一起，为洞察用户思维、理解用户行为提供了理论依据。加瑞特（Jesse James Garrett）为难以把握的用户体验的概念引入了一系列分析方法，他从全局的角度把用户体验要素分为5个层次，突出了在设计过程中把用户置于思考中心的设计思维。

基于隐喻对图形用户界面设计的研究很早就开始进行了。在1995年，托马斯·埃里克森（Thomas Erickson）曾在他的研究中表示过：图形用户界面中通常会有意识地把隐喻运用其中，界面隐喻有自己的工作方法，糟糕的隐喻设计会降低系统的可用性。交互设计之父阿兰·库珀（Alan Cooper）就曾经在1995年的研究*The Myth of Metaphor*中指出了隐喻在界面设计中的诸多使用规则，他认为对于隐喻的应用应借助相似性进行适当的认知引导，很多情况下不恰当的隐喻对用户毫无帮助，并且会使用户感到迷惑，他反对生搬硬套过分具象的隐喻。诺曼的《设计心理学》也提及隐喻在设计中的应用价值，他从用户体验的本能、行为和反思三种体验层次入手，强调与用户产生情感共鸣。

1.3.2 国内研究现状

在国内，由于对图形用户界面的研究是最近几年才发展起来，目前对图形用户界面设计方面的理论性研究还不够深入。大部分关于图形用户界面的研究主要集中在两个方面：①关注图形用户界面设计的艺术性表现手法，从视觉角度出发，结合开发流程，探讨具体的视觉要素设计方法；②从技术角度探讨图形用户界面的设计问题，探讨范围停留在物理方面、工业设计方面，专业性较强。

在知网上检索有关用户界面的博士论文有34篇，其中仅有1篇从设计角度入手研究图形用户界面设计。方敏在她的博士论文中就文化传播的角度对图形用户界面设计进行了全新的探索，拓宽了图形用户界面设计研究的领域，她以文化角度为切入点，讨论其对用户图形界面设计产生影响的决定性因素。

基于隐喻方面对图形用户界面设计的研究大部分发表于期刊上，其中有5篇硕士论文在隐喻方面对界面设计进行了不同的研究。许芯的研究从视觉、动作、音效方面对图形用户界面中的隐喻进行分析，说明了隐喻设计的可用性。刘超的研究以移动端为载体，通过构建隐喻认知模型，研究交互流程。卢荣青从视觉角度进行研究，对运用隐喻的概念进行网页界面创意设计进行探讨，总结了基于情感和基于创意两个方面的设计理念。 梁怀宗的研究通过分析儿童特征，提出了面向儿童的界面设计的目标，并尝试用隐喻的方法解决面向儿童的界面设计应用所存在的问题。丁占华从心理学和行为学等诸多方面进行分析，从隐喻的作用入手，论述了隐喻的行为引导作用的价值。

总体来讲，在这方面国内研究较国外落后，对图形用户界面设计的研究呈现零散的状态，文化理论研究缺少深入性探索。对于阐述隐喻在图形用户界面设计中的方法和原则的著作较少，基于隐喻方面对图形用户界面设计的研究还需要不断加强。

1.4 研究方法与创新点

1.4.1 研究方法

（1）调查资料整理分析。结合当前图形用户界面设计与相关隐喻知识的资料，把二者的国内外参考文献分别进行梳理，并相互结合分析，以此作为论文的理论依据。

（2）搜集个案支撑论文研究论点。查找当前相关设计案例资料，着重分析具体案例以支撑论文研究重点。分别从设计师与用户两个不同层面入手分析：在设计师层面，基于隐喻的图形用户界面设计方法、原则进行探索；在用户层面，基于隐喻的图形用户界面设计对于“以用户为中心”的设计初衷与用户体验的提高。

（3）挖掘隐性信息。图形用户界面设计发展至今，基于隐喻的研究还有待深入。由于“隐喻”这一术语最先从修辞学中修辞格发展而来，因此设计师在设计过程中并未把隐喻的认知思维纳入思考范围，而仅仅把其作为比喻沿用于设计上。挖掘现有设计背后的隐性信息，结合隐喻的认识方式进行再次分析是论文的研究方法之一。

1.4.2 创新点

现今国内对基于隐喻的图形用户界面的研究大多集中在专业技术角度、视觉角度，从文化层面把其与专业设计相结合探讨基于隐喻的图形用户界面设计方法、设计原则的研究还比较少。

隐喻概念来源于修辞学，并且在语言学、认知心理学中发挥着巨大的作用。在艺术设计学中，基于隐喻的图形用户界面设计研究大多把研究重点放在隐喻的修辞作用上，把它视作一种修辞功能运用于图形用户界面设计上。时至今日，隐喻已经从一种修辞格拓展为人类的认知与思维方式。因此，研究以此作为创新点，深入应用到图形用户界面设计上。

并且，本次课题的研究过程结合比较成熟的相关设计心理学知识理论，探索基于隐喻的图形用户界面设计构建过程及其相关作用。

2 图形用户界面与隐喻概述

2.1 图形用户界面概述

2.1.1 释义界面

“界面”在《新华词典》中的释义为：①不同物体之间的接触面；②用户界面的简称。作为专用术语，“界面”在不同领域有不同的特定含义。在设计领域，主要研究人机界面（Human Machine Interaction，HMI）。作为人与机器之间的通信中介，人机界面可以实现人机间的信息交流。用户通过“告知”计算机自己的需求，实现信息的输入，计算机通过完成指令对用户的操作提供一定反馈，实现输出机制。其中支持人与机器对话、相互作用的面就是人机界面。

人机界面又分为硬件界面和软件界面，其中硬件界面与工业设计挂钩，其设计对象一般为客观存在的实体,如电脑键盘按键、手机屏幕外壳等，因此硬件界面又被称为实体用户界面。软件界面则是用户与机器交流的信息界面，它主要以屏幕为媒介，如手机软件产品界面、游戏产品界面、车载系统界面等。

现今，如何构建高效的用户界面是研究的主要目标。优秀的人机界面应为用户提供丰富的感官印象，以用户经验系统为基础进行设计，不仅应灵活、高效地实现人机交互，还应满足用户个性化需求。

2.1.2 释义图形用户界面

用户界面经历了几个发展阶段，即：用户将一批作业提交给操作系统后就不再干预的批处理系统；通过键盘驱动并基于文本完成指令的命令行界面；以可视化为基础实现操作的图形用户界面；通过触控技术将使人机交互变得更加直观的自然用户界面。其中，图形用户界面（Graphical User

Interface， GUI）是以视觉图形的方式进行显示的可视化计算机操作用户界面。并且，由于视觉感知具有不可忽视性，大多图形用户界面基于隐喻设计，选择现实世界中与应用软件相类似的东西，以帮助用户预测运行状况。因此，它对于之前的非图形用户界面，如DOS系统字符界面，表现出易通性强、安全稳定、易于操作的特点。

早期的图形用户界面设计主要针对计算机操作系统，后来逐渐被应用于网站界面、应用软件界面之上。并且，伴随着图形用户界面的发展，其载体范围也逐渐拓宽，包括智能家电界面、医疗及各种数码机床界面等在内的设备也逐渐应用图形用户界面以完成人机交互。图形用户界面设计已经成为衡量产品市场竞争力的主要评判标准之一。

用户是产品成功与否的最终评判者，而图形用户界面作为人机交互的桥梁会给用户留下非常重要的第一印象。在当今市场上，界面元素的视觉化主要由视觉设计师完成，视觉设计师往往针对设计对象本身侧重于界面的美观，这忽视了设计对象与使用者之间的联系。图形用户界面设计不但应对表象的审美关系进行关注，还应更多关注用户的情感。优秀的图形用户界面设计应以满足用户需求为目标，通过合理引导用户，帮助其完成不同操作任务，达到预期目标。

2.1.3 图形用户界面的分类

图形用户界面的应用类型，以载体为基础，主要可以划分为非移动设备图形用户界面和移动设备图形用户界面两大类；以本质为基础，主要可以划分为应用软件图形用户界面与网站图形用户界面两大类。

2.1.3.1 非移动设备图形用户界面与移动设备图形用户界面

计算机中的台式机界面、一体机界面（图1）是比较典型的非移动设备图形用户界面。非移动设备图形用户界面还包括智能电视机界面、智能家电界面、医疗及各种数码机床界面（图2）、微型嵌入式设备界面等。

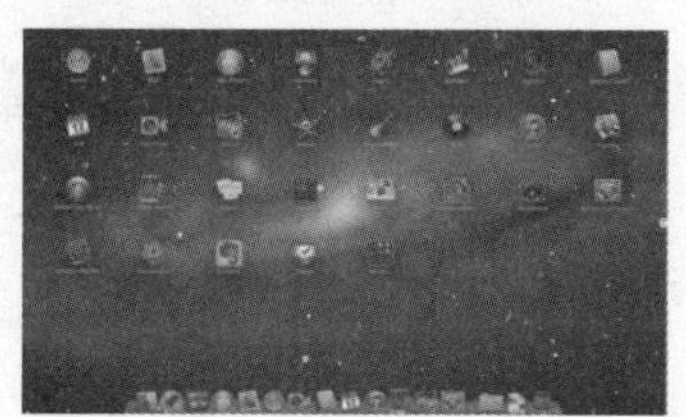

图1 苹果电脑操作系统界面

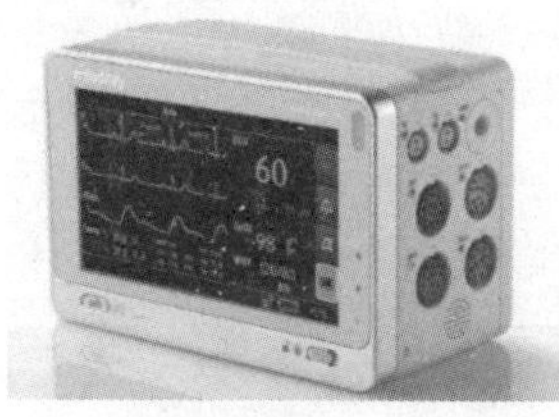

图2 医疗用具界面

对于非移动设备而言，移动设备功能与计算能力相对有限，其主要优势是便于携带。目前主要的移动设备包括智能手机、笔记本电脑、掌上电脑（图3）、MP4、GPS导航等。非移动设备的图形用户界面需要根据屏幕区域尺寸设计，有限的空间要求界面菜单设计整合功能，图标设计简洁易懂、突出重点。

图3 Android 平板电脑

2.1.3.2 应用软件图形用户界面与网站图形用户界面

应用软件图形用户界面与网站图形用户界面两者的最大区别在于其本质不同。应用软件图形用户界面的本质是软件，用于处理有固定流程的任务；网站图形用户界面的本质是网站，用于浏览信息，不存在统一的界面格式。

应用软件运行于一定的操作系统平台上，其界面的实现以操作系统为基础。它主要包括系统软件、程序软件、Web软件等。

系统软件图形用户界面作为用户与系统交流的媒介，又被称为用户与计算机的接口。它主要由任务栏、桌面背景、图标、窗口和鼠标指针组成。典型的操作系统有Mac OS X、Windows等。

程序软件根据用户群可以分为三种类型，即专业型、任务型和娱乐型。专业型主要面向专业人士，其界面设计复杂，涵盖功能庞大，Adobe推出的Photoshop和Illustrator就属于专业型软件；任务型主要面向普通用户，旨在帮助用户完成特定的操作任务，其界面设计简洁实用、易通性强，操作难度不大，如压缩文件管理工具WinRAR；娱乐型界面设计目的明确，如苹果推出的播放器QuickTime Player，其设计目的是帮助用户完成影片、音乐的播放。

Web软件运行环境、实现技术与网站相类似，它们均在浏览器环境下得以运行。不同的是，网站的功能为“传递信息”，而Web软件则是为了帮助用户完成特定工作与任务。常见的Web软件有聊天工具、网上邮箱、网络搜索引擎等（图4），游戏软件也属于Web软件的范畴。

图4　Web软件

网站用户界面以传递信息为主，由网页集合而成。它的显示与交互必须依赖于浏览器，菜单位于超链接之下，用户在操作时会完成不同页面之间的切换，而非执行某一命令。网站界面主要用于浏览信息，其内容往往更新速度非常快（图5），具有互动性和不可预见性的特征。早期的网站用户界面会借鉴大量程序软件界面的设计元素。现今，随着网络的普及，其图形用户界面已经成为机构、商品、形象的重要组成部分。

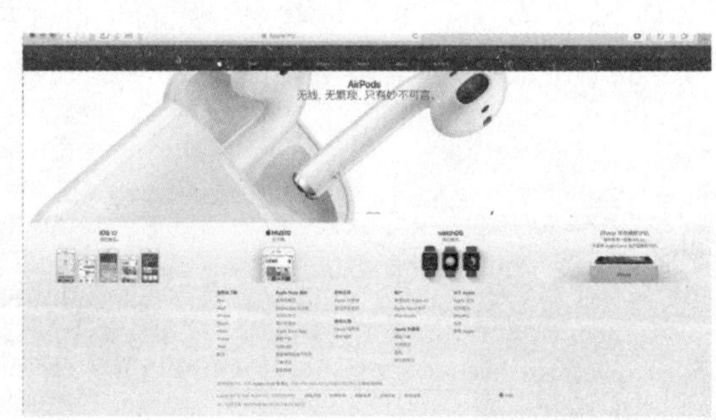

图5　苹果官方网站用户界面设计

2.2 隐喻概述

2.2.1 释义隐喻

对于隐喻的研究要追溯到古希腊时期。英文中的metaphor正是源于希腊文的metaphora一词。传统的研究主要把隐喻列为修辞学的研究对象，并把其功能归纳为修辞功能。这时，隐喻作为一种语言现象而存在，并且服从于修辞的总功能。亚里士多德（Aristotle）曾对隐喻进行了定义和分类，他认为：“隐喻通过把属于别的事物的词给予另一个事物而构成。”这一研究对西方修辞学产生了巨大影响。在隐喻的研究过程中，继把其视作一种语言现象的“替代论”和“比较论”之后，发展出把隐喻视作思维方式的“互动论”的研究观点。其中，I.A.理查兹、马克斯·布莱克、乔治·莱考夫和马克·约翰逊是研究隐喻“互动论”观点的主要代表人物。

20世纪30年代，隐喻理论的研究逐渐从传统状态下解放出来。美国的语言心理学家I.A.理查兹（I.A.Richards）认为，我们的生活中处处存在隐喻，作为一种普遍现象，它是抽象思维的一种表现。由此提出隐喻的“互动论”观点。他在1923年与英国学者C.K.奥格登（C.K.Ogden）合著的*The Meaning of Meaning*中提出了著名的“语义三角”理论，即思维、符号和所指物之间构成了一个三角关系。其中，由于符号是对现实的抽象反映，所以它与所指物之间的关系是间接的，需要人来对符号的意义进行解释，因此，符号本身就是一种隐喻。

1936年，理查兹在他的研究《修辞哲学》（*The Philosophy of Rhetoric*）中，把隐喻看作存在于“不同思想间的借用、沟通和不同场景间的转化”，意思就是说，隐喻通过两个表达不同概念的事物之间的互动而表现出来。他对隐喻研究的新思路，逐渐形成了隐喻的“互动论”思想。在他看来，“本体”和“喻体”有某种共同点，两者互动时会伴随新的意义产生，而两者的差异也在其中发挥着重要的作用。例如，诗句中的“自在飞花轻似梦，无边丝雨细如愁”（秦观《浣溪沙》），就是把飞花隐喻为梦，把丝雨隐喻为愁。这是因为飞花和梦的内部有一定的相似关系，“轻”就是这种相似关系的体现；丝雨和愁的内部也有一定的相似关系，“细”就是这种相似关系的体现，有差异的两个不同概念的运用，产生了新的意义，把抽象的情感和具体的物像作比较，才能把作者的思绪通过具体的物像表达清楚，让读者可知、可感。理查兹对隐喻的研究，表明了隐喻与思维的内在关系，他认为，隐喻与思想有关，大脑能够把从属不同经验的两个事物自动、自发地相互联系并得到新的意义，并且他还把隐喻与认知联系在了一起。

马克斯·布莱克（Max Black）发展了理查兹“互动论”的观点，但是不同于理查兹从修辞哲学的角度出发，布莱克从结构主义语言学角度出发进行研究。结构主义语言学即把语言看作一个完整的符号系统，重视语言要素彼此之间的关系。也就是说，一个词只有放在句子里进行分析，与句子中其他词组产生特定关系时，这个词本身才具有意义。布莱克在1962年发表了论文《模式与隐喻》（*Models and Metaphors*），他的研究使“互动论”更具有系统性。他认为，句子中的某些词是作为隐喻的“焦点”而存在，而其他词则起到支撑作用，如果没有其他词与隐喻关键词发生特定关系，隐喻就缺失了语境的烘托，从而很难被人理解。然而，布莱克也并非仅仅从句子的角度出发研究，比如，人们说的“他是一头牛”，这显然很难被理解，但是如果之前提到，他总是默默付出、踏实肯干、务实谨慎、比较稳重，那么就很容易理解“他是一头牛”这样的一个隐喻，这是因为隐喻存在于一个语境系统中。

布莱克认为，在某种程度上隐喻并不是以人们已知的相似性为基础，而是创造新的相似性。这是因为人的大脑会自动、自发地在本体和喻体之间建立起联系，即“隐喻创造出来的相似性”。布莱克对隐喻的研究，是把其置于系统的角度进行分析，对传统隐喻理论的局限有所突破。

1980年，乔治·莱考夫（George Lakoff）和马克·约翰逊（Mark Johnson）把对于隐喻的研究带入了一个新的阶段。由此“隐喻性概念”和具体的隐喻表达被区分开来，隐喻的研究进入了认知科学的领域。莱考夫和约翰逊认为：“隐喻的本质就是通过另一种事物来理解和体验当前的事物。”以“家就是港湾”为例，“家”和“港湾”是两回事，但是对“港湾”的理解被进行重新建构、实施用于理解“家”的概念。可以看出，隐喻不仅仅是语言的事情，也涉及人类的思维过程。

隐喻能够通过语言的形式进行表达，是由于人的概念系统中存在隐喻，并在很大程度上由隐喻来构成和界定，这被莱考夫和约翰逊称为“隐喻性概念”。“隐喻性概念”具有系统性特点，这是由于它是以人类经验为基础并根植于我们概念体系中的。而隐喻的系统性又表现为凸显和隐藏的特质，这让人们在通过彼概念来理解此概念的时候能够聚焦于某一概念的某一方面，而不重要的那一面此刻也被忽视和隐藏了。“隐喻性概念”还具有连贯性的特点，即几个概念隐喻可能会共享一部分隐喻内涵，但是每个隐喻都有一部分不同的特点，都是整体隐喻系统的一部分，当它们组合在一起时能够让人们有一个比较清晰的认识和理解，这就是连贯地理解一个概念整体。

莱考夫和约翰逊的研究表明，隐喻的产生基于人类的经验，并且人类也依靠隐喻思维来理解和认识新事物，因此它产生于认知，同时又推动认知发展。并且他们通过大量的实例揭示了隐喻系统的工作机制，把隐喻和认知科学、认知心理学结合在了一起。

2.2.2 隐喻的工作机制

在隐喻的“互动论”基础上，莱考夫等提出了映射理论。隐喻的映射概念最早出现在1980年莱考夫和约翰逊二人的研究里面，在莱考夫与马克·特纳（Mark Turner）于1989年的研究中，“映射”一词正式被明确阐明，即“映射就是两个概念域之间的一个对应集”。概念隐喻的工作机制是把喻体“源域”的结构映射到本体“目标域”上。这样，用户就能够从“源域”身上获取对“目标域”的认识。并且莱考夫和特纳认为：“隐喻具有内部结构。”即“源域”的结构会被投射到“目标域”上。

在图形用户界面中，基于隐喻进行设计能够帮助用户把抽象晦涩的概念通俗简单化。例如，通过运用现实中的实体物质：剪刀、纸张；听诊器、磁盘；电子琴；钳子、螺丝刀等作为“源域”，把其特征、结构等投射于“目标域”的电脑图标设计上，用户便能够更加清晰地把控其对应的功能（图6）。

抓图　　磁盘工具　　音频 MIDI 设置　　colorsync 实用工具

图 6　Mac OS X 系统实用工具软件

2.3 基于隐喻的图形用户界面的发展历程

现今，图形用户界面基本上已经完全取代了命令行界面，成为计算机与用户交互的主要形式。用户界面也经历了几个重要的发展历程：“以文字符号为主、图文符号结合、以视觉图形为主”。图形用户界面设计日益成熟，其视觉化图形的表现形式大多选择使用用户语言利用桌面隐喻传达要领及事物。

2.3.1 萌芽阶段

早期的命令行界面通常是不支持鼠标操作的，用户需要通过键盘对计算机输入操作指令（图7），因此也可以称之为字符用户界面（Character User Interface，CUI）。命令行界面有大量的操作命令需要熟知和牢记，因此在这种情况下，非专业用户是很难对机器程序进行有效操作。

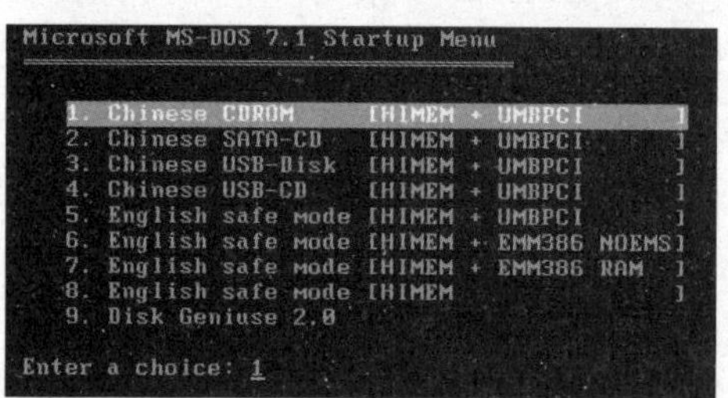

图 7　命令行界面

有“计算机图形学之父”之称的伊凡·苏泽兰（Ivan Sutherland）在1963年的研究《画板——人机图形通信系统》中，记述了他用三年时间完成的“画板”系统，即Sketchpad——有史以来的第一个交互式绘图程序。这项研究不仅改变了以字符输入指令的操作方式，令用户手持光笔在电脑上直接绘制图形成为可能，而且初次形成了视窗系统的概念，奠定了图形用户界面的基础。

1973年，施乐帕克研究中心开发了第一个图形界面——施乐奥托（Xerox Alto），他首次采用桌面隐喻（Desktop metaphor）和鼠标驱动的图形用户界面技术（图8）。施乐奥托的文件管理器可以使用鼠标操作，界面已经具备图形按钮、文件列表，但是还没有运用图标或图片（图9）。

图 8　Xerox Alto 桌面

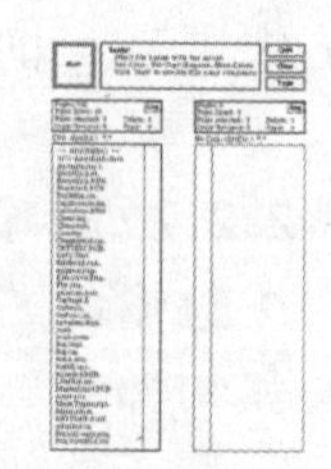

图 9　Xerox Alto 文件管理器界面

2.3.2 发展阶段

1980年，3RCC(Three Rivers Computer Corporation)发布PERQ(Pascal Engine that Runs Quicker)，PERQ是基于施乐奥托的设计概念而开发的第一个商业图形工作站（图10），在图形用户界面历史上发挥了重要作用。

1983年，苹果公司发布了首台图形界面计算机Lisa，为图形用户界面领域做出巨大贡献。1984年，苹果公司又推出了Macintosh。Macintosh是苹果公司继Lisa以后第二部使用图形用户界面的电脑。图标的隐喻设计在其中体现得非常明显（图11），文件夹与现实中的档案盒非常相似，里面可以装有重要文件；用户可以通过拖拽的动作把文件“扔进”垃圾桶中。Macintosh还提供全鼠标操作、下拉菜单操作，是人机界面历史发展的重要变革因素。

图10 PERQ图形工作站

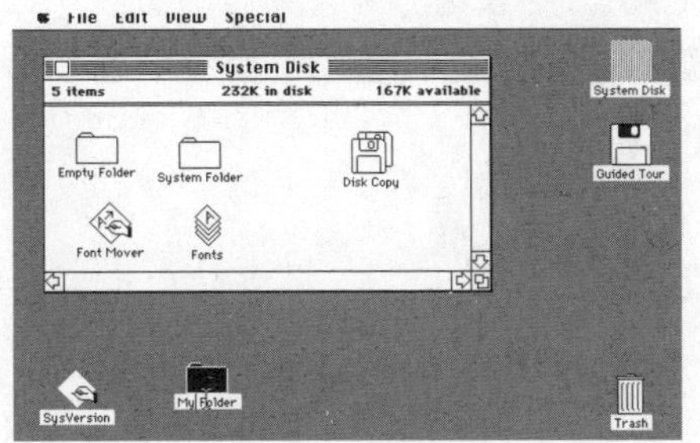

图11 Mac OS 1.1

1985年，Berkeley Softworks公司推出了GEOS；Digital Research推出了GEM；Amiga公司推出了Amiga OS 1.0；Microsoft公司推出了Windows 1.01。

（1）Berkeley Softworks公司在1985年发布的GEOS是为家用电脑Commodore 64编写的比较成熟的操作系统和图形用户界面。GEOS的桌面可以保持一定预先定义的对象，如磁盘、打印机、垃圾桶。桌面上的磁盘是作为文件窗口打开的，其大小固定，无法移动或调整大小。为了节省空间，GEOS桌面上的应用下拉菜单并未跨越屏幕整个顶部。GEOS的图形用户界面图标大多使用物质的本体隐喻。并且，其桌面文件窗口有一个独特的隐喻设计：显示列表中有一堆页面，可以通过单击左下角页面的“折叠”符号打开不同页面（图12）。

（2）同年4月，Digital Research推出了新的图形用户桌面系统——GEM（图13）。它刻意参考了Macintosh的用户界面，但又不如其复杂和完整。它有类似的基于隐喻设计的可叠放窗口、文件夹图标，桌面上的驱动器还能帮助用户随意拖动任务并进入和退出程序。然而它和Macintosh有几个明显的区别：打开一个文件夹时它总是处于一个固定的窗口，而非打开一个新窗口，垃圾桶图标不是一个文件夹，并且驱动图标必须手动添加或删除。

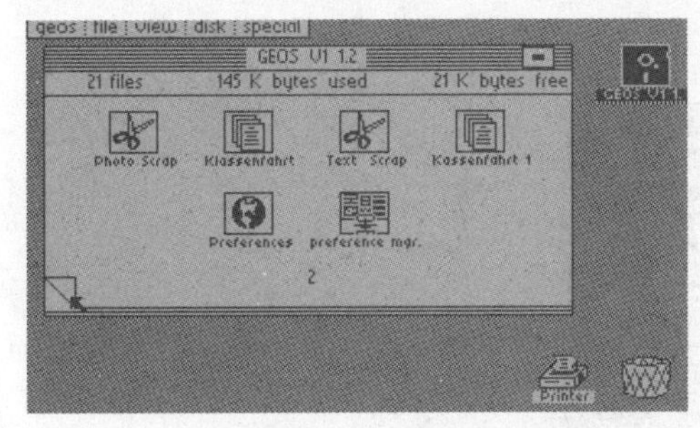

图12 GEOS桌面

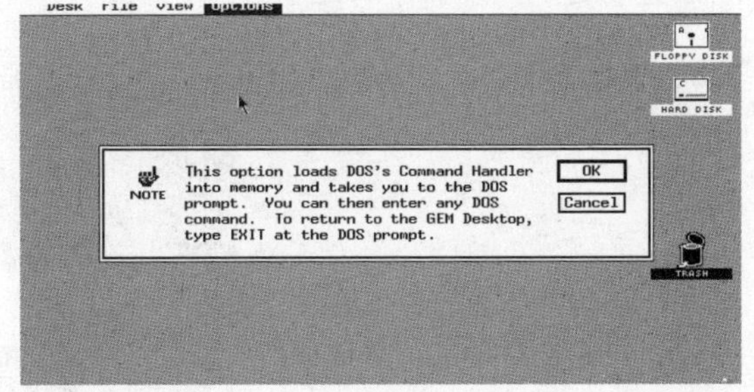

图13 GEM 1.1

（3）同年7月，Amiga公司推出的Amiga OS 1.0版本，它在某种程度上模仿了1984年苹果公司的Macintosh，但是其界面术语以工人的工作台为隐喻本体，而非办公室的桌子。比如，文件目录外形好似抽屉而非文件夹（图14）。Amiga OS 1.0的图形用户界面分辨率高、运行速度快，并且它仍在系统中保留了命令行界面，其操作系统和应用程序与硬件紧密合作,在当时非常具有实用性。

（4）同年8月，Windows 1.01被首次推出，它以MS-DOS执行。MS-DOS是一种微软磁盘操作系统，类似文件管理器和浏览器，但是没有图标，也不支持拖拽功能（图15），因此隐喻的设计体现得并不明显。Windows 1.01的程序和目录可以通过双击打开，但其他的磁盘功能必须通过菜单来完成。

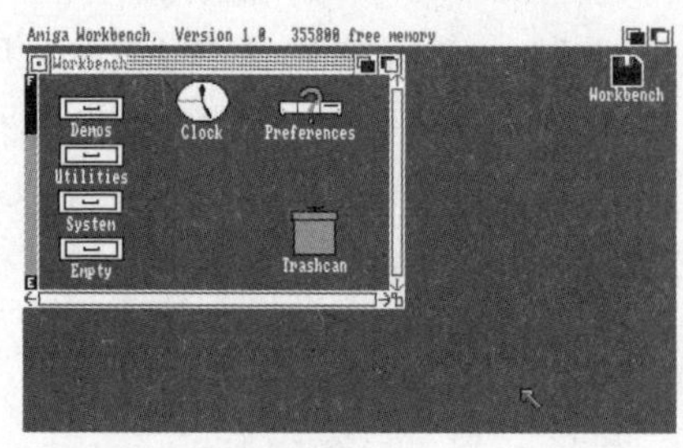

图14　Amiga OS 1.0

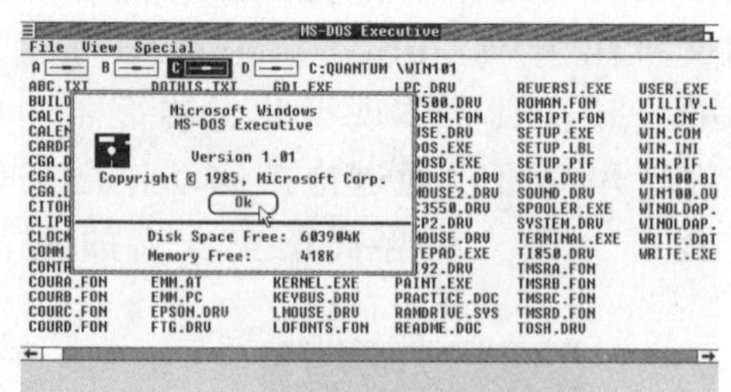

图15　Windows 1.01

2.3.3 成熟阶段

1990年，Windows 3.0开始发售。程序管理器、文件管理器随该系统一同被推出。并且，Windows 3.0还包括一个看起来像俄罗斯套娃的全新控制面板，这是基于容器隐喻进行设计的。和程序管理器一样，它的控制面板显示了正在运行的图标（图16）。

1993年，Windows New Technology被推出。它的界面元素设计可以很好地体现出隐喻概念，如打印机、日期、声音图标就是基于本体隐喻进行设计的（图17）。

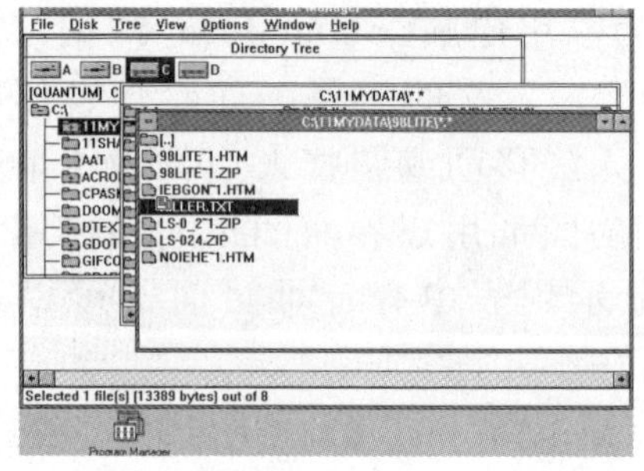

图16　Windows 3.0

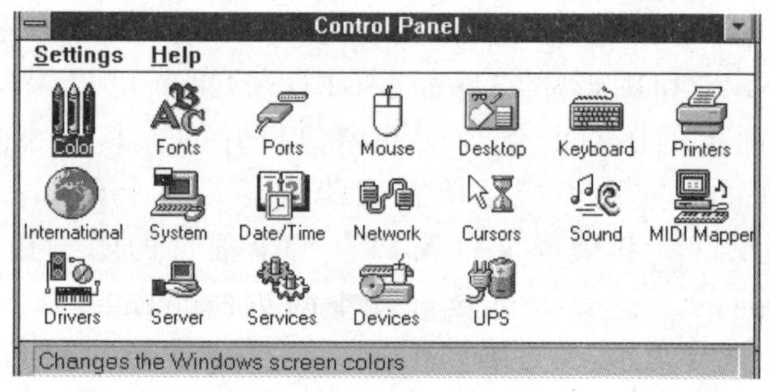

图17　Windows NT 3.1

1995年，Windows 95操作系统发布。该系统的图形用户界面经过重新改良，其可用性远远超过了Windows 3.0。“开始”菜单是基于容器隐喻进行设计的，桌面上的图标大多基于本体隐喻的设计形象出现，这在当时可谓是显著的飞跃（图18）。

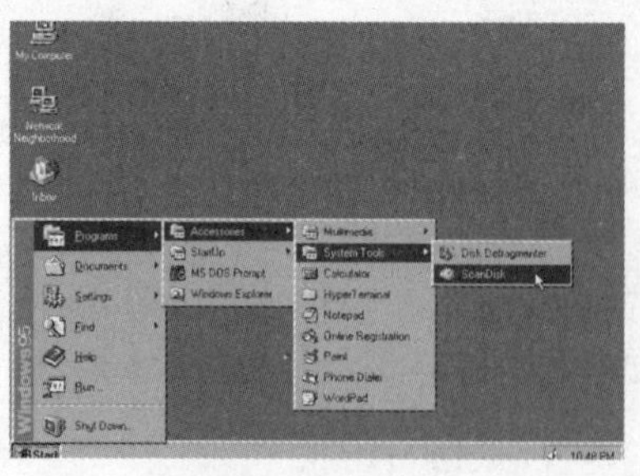

图18　Windows 95

1997年，苹果公司发布了Mac OS 8.1（图19），也就是从这个版本开始，Mac OS的名称被正式采用。这款系统开始加入更多的颜色，默认支持256色的图标，使桌面系统更加人性化，基于隐喻的设计也更加巧妙完善。同时，它是较早采用等距图标风格的系统。

2000年，苹果公司发布Mac OS X（图20），这使Mac电脑图形用户界面发生巨大变化。在Mac OS X版本中，Aqua初次亮相，Aqua是Mac电脑全新用户界面的名字，它处处透露着简洁，界面善用隐喻，堪称经典。菜单、按钮、进度条、滚动条每个看似简洁的设计都是经过反复考量完成的，这对图形用户界面的发展产生了巨大影响。从Mac OS X起，苹果公司开始基于猫科动物本体对系统进行命名，这是本体隐喻，如OS X 10.1 Puma（美洲狮）、OS X 10.2 Jaguar（美洲豹）。而Microsoft也相继推出了不同版本的Windows系统，直到2015年，Microsoft已经更新到了Windows 10系统。

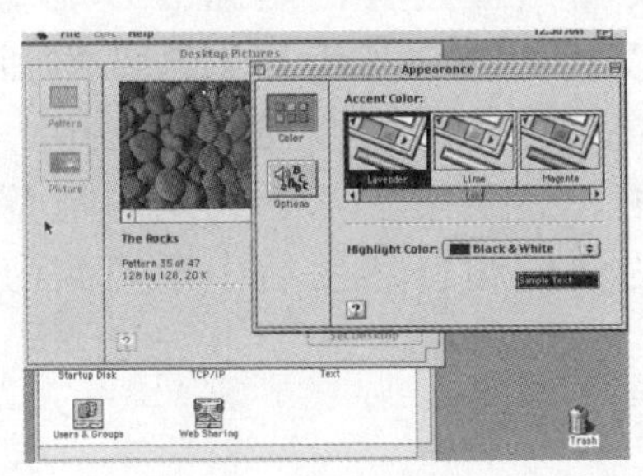

图19 Mac OS 8.1

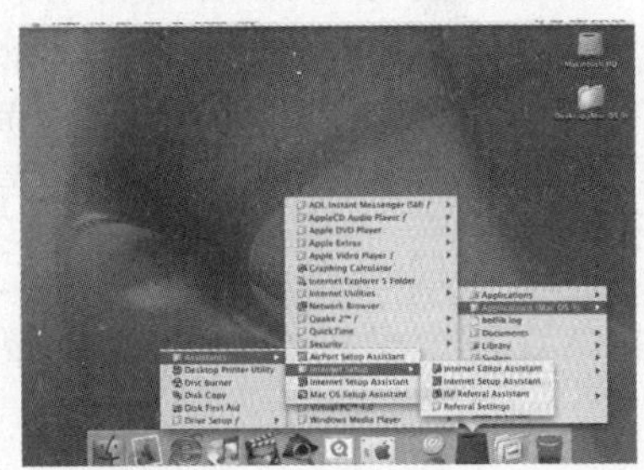

图20 Mac OS X 用户界面

伴随着图形用户界面不断发展，基于隐喻的设计也不断完善，它从用户角度出发，使用图形化语言，以确保用户逐步加强认知，并产生有效联想。近年来，图形用户界面随着计算机科学与通信技术的快速发展而不断进步，它不再仅仅是人机交互中产品的附属功能，而是与其拥有等同价值的重要方面。

3 隐喻在图形用户界面设计中的作用及分类

3.1 图形用户界面中用户的认知心理因素分析

从前文隐喻概念的阐述中已经知道，时至今日，隐喻已经从服从修辞总功能的语言现象演化为一种认知方式。为了能够让用户理解和体验计算机语言中一些晦涩难懂的概念，图形用户界面在很大程度上是基于隐喻的认知模式和思维方式进行设计的。早在Mac OS 1.1的系统开发中，就体现了基于隐喻认知思维的设计概念。例如，Mac OS 1.1系统中桌面上的System Disk（系统磁盘）图标的抽象化设计（图21），它符合现实生活中用户对硬件磁盘工具（图22）认知的心理模型，即硬件磁盘作为一个数据容器，可以储存电子资料。因此，用户在界面上进行操作的过程中，就会自觉地联想到System Disk图标下存储文件的功能，从而无障碍地进行使用和操作。

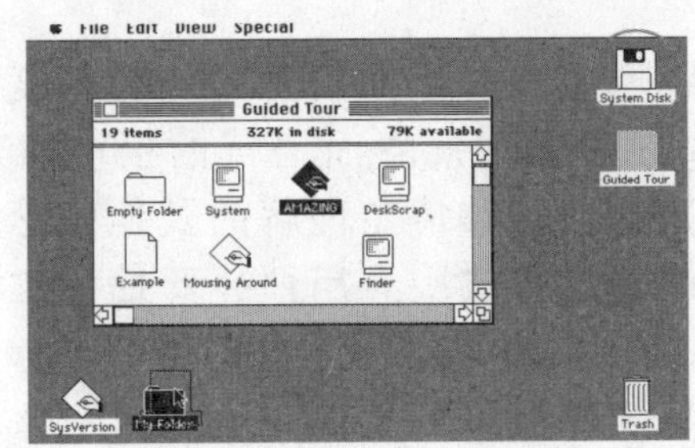

图21 Mac OS 1.1 桌面图标

图22 磁盘（硬件）

基于隐喻设计图形用户界面，是帮助把用户概念系统中比较简单、熟悉、具体的概念展现出来，用以理解新的陌生、复杂、抽象的概念。并且用户已知的概念系统会在他们心智中建立起模式，即心理模型。用户以隐喻的思维方式去理解新的概念，其实也是依据熟悉的事物在自己心理建立起的模型做出假设和推论，从而实现自己对新概念的理解和想象。

在心理学中，心理模型也被翻译成心智模型。诺曼认为心理模型即“存在于用户头脑中的关于一个产品应该具有的概念和行为的知识”。关于这类知识主要来源于用户的个人经验，并受诸多外界因素的影响。好比，我们不需要反复确认家里房间中的每个布局就可以在黑暗中自如活动，这是因为我们对自己的房间足够了解，房间中的每个细节已经在我们的心中建立起了一个框架，或是说模型。这种心理模型在我们的认知中逐渐成熟，并且会影响我们的行为。同时，用户的心理模型是不断变化发展的，当用户体验全新的事物时，可能会建立相应的、全新的心理模型。

基于隐喻的设计能够帮助在图形用户界面上进行操作的用户通过自己熟悉的心理模型体验全新的设计概念。谷歌Chrome浏览器界面中网上应用店的图标设计就符合了用户的现实生活中的心理模型（图23），这使用户在心理上更容易识别和使用“下载应用”功能。在现实生活中，用户对于手提袋的功能已经形成了购买、携带、保存的认知。在图形用户界面中，基于相应的视觉元素进行设计能够使用户快速地理解界面中所要表达的信息含义，因为他们和自然生活中学习到的含义是相同的，即符合用户心理模型的设计更容易被理解和学习。

网上应用店

Chrome网上应用店

图 23　Chrome 网上应用店图标

为了提高图形用户界面的用户体验，设计师应基于隐喻进行设计，并以用户已经建立的心理模型为基础，帮助他们理解和体验图形用户界面的新概念。隐喻作为一种认知思维方式，不仅是图形用户界面设计过程中设计师需要纳入思考的因素之一，还是指导设计师解读用户心理的关键点之一。并且，在图形用户界面中，挖掘隐喻背后的工作机制，把设计的目标与用户的心理预期模式相匹配，从而引导用户的操作行为，可以提升相应的用户体验。

在不同的环境下，隐喻有着不同的文化内涵。用户能够通过自己的知识储备，基于隐喻思维理解图形用户界面设计背后的意义，并与产品产生情感联系，这是基于隐喻的图形用户界面设计的主要目的。因此，图形用户界面的设计不仅应关注用户需求，还应该对用户的概念系统、固有经验、记忆想象等方面进行研究，即对与隐喻相关的用户心理因素有一定程度的了解。

3.2 隐喻在图形用户界面设计中的作用

3.2.1 降低用户学习成本

对于图形用户界面的设计而言，设计师应当尽量降低用户对界面信息的认知难度。我们已经知道隐喻遍及我们常规的概念系统，对于我们来说，或许图形用户界面语言的很多概念要么非常抽象，要么在我们的经验中界定不够明确，所以需要借助那些能够清楚理解的其他概念来掌控它们。这需要设计师基于用户已经形成的心理模型，以隐喻的思维方式引导用户体验抽象难懂的图形用户界面语言，从而减少用户的学习成本。

参照用户在现实生活中已有的经验基础，基于“隐喻性概念”把现实中的用户体验逻辑方式投射于图形用户界面的抽象设计上，能够使信息得到有效传达。当用户能够清楚地理解设计师的设计意图时，就能对图形用户界面产生一个清晰的认知，用户无需付出大量的精力，就能从中了解产品功能和使用方法。

例如，对于大部分系统，无论是Windows系统、Amiga OS系统、GEM系统还是Mac OS X系统等，桌面上的回收站自始至终都是以垃圾桶的形象作为图标设计的（图24～图26），这是以我们现实中的垃圾桶为本体的隐喻设计。

图 24　Mac OS 1.1 图标

图 25　Amiga OS 1.0 图标

图 26　Windows XP 图标

在现实生活中，用户已经建立起这样的心理模型：当产生废弃纸张时，捏在手里，揉作一团，丢进垃圾桶……忽然想起，纸张上记录了重要的电话号码！没关系，从垃圾桶里捡回来就可以了，而当垃圾桶满了，我们就会倒掉它。基于本体隐喻的设计涉及的是用户概念的整体系统，而非个别单词和个别概念，以这样的认知系统为基础，图形用户界面上垃圾桶图标的设计能够很容易被用户学习并操作。

在现实生活中，我们有垃圾要扔，于是丢进垃圾桶。在图形用户界面中，与此对应的是把文件拖拽进回收站。

在现实生活中，我们发现垃圾扔错了，从垃圾桶中找回来。在图形用户界面中，即“还原此项目”或“还原所有项目”的操作。

在现实生活中，我们发现垃圾桶满了，于是出门倒掉它。在图形用户界面中，即“清空回收站”的操作。

在现实生活中，如果发现扔错了东西，在被外面的清洁工收走之前，仍然可以从外面的垃圾箱中找回来。因此，在图形用户界面中，“清空回收站”操作之后，仍有一定概率能通过系统还原找回删除的文件。

在现实生活中，先把垃圾彻底销毁，只需焚烧就可以了。在图形用户界面中，即“粉碎文件”的操作。

用户在软件操作过程中，习惯基于个人经验来判断新的使用方法。因此，建立在用户经验基础上的隐喻，如果符合用户原有认知框架，用户就能够很快建立起二者之间的桥梁。基于隐喻的图形用户界面设计，不仅能够正确传达产品的相关信息，还能够引导用户进行自主经验和记忆完形，降低学习成本。

3.2.2 引导用户交互行为

提高产品价值与核心竞争力的重要方式之一是充分考虑用户行为习惯，加以引导从而帮助用户高效完成操作任务。在图形用户界面更新迭代如此迅速的今天，用户在体验产品的过程中，往往有很多选择空间，他们没有很强的耐心去反复琢磨产品的使用方法，花费大量的时间把自己从新手用户过渡为中间用户。因此，一旦图形用户界面的设计缺乏行为引导，用户在操作过程中的犯错概率将会大幅度提高，这意味着软件将在第一时间失去大量用户，造成严重的商业损失。基于隐喻的图形用户界面设计，就是充分考虑用户的行为和习惯，基于用户的行为心理进行设计，因此能够对用户行为进行有效的引导，帮助用户顺畅地使用软件，从而改善用户体验。

一般情况下，系统或软件会以声音、震动等方式来提示用户操作情况的正确与否，这对于用户的操作行为起到一定的指引作用。基于隐喻的视觉交互设计可能更具有表现力度，用户在使用软件的过程中，会自发地依靠自己在现实生活中的直觉模式，这是基于隐喻思维把生活中的概念投射于虚拟的界面中，从而削减首次使用软件带来的陌生感。

例如，在用户通过手机应用浏览网页的同时想要启动邮箱程序；打开微信聊天的时候，又想看看日历。这些多任务的操作只需要启动多任务管理界面就可以轻松实现。在苹果手机iOS系统的图形用户界面设计中，界面的切换非常简单直白，它是基于用户在生活中选取文件的思维而设定的：所有的界面都被设计成文件纸片的形式，纸片可以被叠放、抽出，此交互行为正是模拟了生活中的实物交互（图27）。多任务视图时程序是平铺开的，就好像用户把所有的页面摆在了桌子上进行挑选，当用户想要退出某个程序的时候，只需把其向上轻轻“推出去”，就好像把某种文件抽出来扔掉（图28和图29）。

图 27　用户与文件（一）

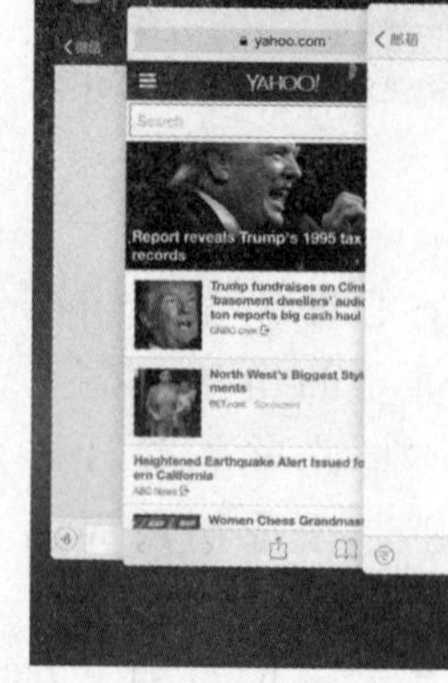

图 28　用户与文件（二）

图 29　iOS 任务管理器

产品的图形用户界面设计周期往往是长期且持续变化的，它不仅是用户与后台程序交流的中介，也是用户与设计师沟通的桥梁。设计师需要基于隐喻给予用户很好的行为引导线索，并且用户在使用产品的过程中产生的行为习惯和思维方式会不断被设计师保留在产品中，从而不断优化产品设计，提升用户体验。

3.2.3 满足用户情感化需求

由于人们的消费水平逐渐提高，用户的情感化心理需求得到前所未有的关注，物质功能作为软件产品的基础已不能满足用户心理需求，用户对精神层面的互动提出了更高的要求。由于人的思维过程在很大程度上是隐喻性的，因此，基于隐喻的图形用户界面设计不但能够增加用户对产品的好感度和认同感，还可以提高用户在使用产品遇到困难时的容忍度。

在用户使用“清空数据”这项功能方面，有些基于隐喻的图形用户界面的设计更加能够满足用户的心理需求。在很多用户心中，“清空数据”可能仅仅是一个习惯性的行为，这个行为本身没有太多意义，也不需要花费太多精力，并且有些用户不断重复“清空数据”的行为仅仅是因为潜意识中有一点强迫症作祟。在这种情况下，设计师不妨给用户提供一些积极的情绪回馈。Mac操作系统中有一款名为Sparrow的软件，用于收发、存储邮件。Sparrow就在空白状态界面为用户提供了干净、舒适的心理感受。当用户清空界面数据后，Sparrow会在界面中展示一个基于本体隐喻设计的传统“收件箱”的界面图标（图30），“收件箱”内空无一物，其图标设计非常简洁，让用户感觉神清气爽，伴随着下面的文字信息Inbox Zero（零邮件），用户会产生些微的成就感。Google的电子邮件应用Gmail则是在其空白状态界面放置了一个微笑的小太阳（图31），这是一种基于拟人隐喻的界面设计，其对人类情绪的模仿，使用户在“清空数据”后感觉轻松快乐。

图 30　Sparrow 界面清空状态

图 31　Gmail 界面清空状态

图形用户界面设计中的情感化细节，作为用户与产品情感互动的桥梁，可以使软件产品更加深入人心。真正好的设计不仅可以满足用户，还能够打动用户。基于隐喻的图形界面设计不仅能加强产品的可用性和易通性，还能在产品功能与情感交流之间搭建一座桥梁，把两者结合起来，提升用户的审美体验，获得用户的好感和共鸣。

3.2.4 提升产品核心竞争力

随着图形用户界面的快速普及和发展，市场上出现了越来越多的软件产品可供用户选择，用户更加注重在使用这些产品过程中的体验。难以学习、难以操作的图形用户界面很容易被用户放弃。

基于隐喻的图形用户界面设计能够使用户对于软件中的功能产生比较清晰的认知，从而在“以用户为中心”的人性化设计方面提升自己的竞争优势。比如，一个小本子的图标表示这是一个用户可以随时在这上面进行记录以便日后翻看的备忘录应用；一张盖戳邮票的图标表示这是一个可以帮助用户和好友写信相互联络的邮箱应用；一个布满数字按键和加减乘除符号的图标，表示这是一个可以快速完成计算的计算器应用。这些基于隐喻的设计使产品功能简单化、明确化，用户在与界面交互的过程中感觉到“好学习”“易操作”的体验感，留下难忘的回忆，无形之中加强了自己与产品之间的情感联系，提升了产品的核心竞争力。

并且，基于隐喻的图形用户界面设计能够在情感方面与用户产生联系，增加产品的用户黏性。对于用户来说，如果某款产品的界面设计能够充分考虑其心理感受，相比硬邦邦的纯功能性设计更能够得到他们的好感和共鸣。基于隐喻的设计，就是以用户的经验系统为基础，从用户的心理感受出发，因此在满足用户需求方面更具备市场竞争力。

3.3 基于隐喻的图形用户界面的设计类型

3.3.1 基于方位隐喻的图形用户界面设计

方位隐喻（orientational metaphor）是参照空间方位而形成的“隐喻性概念”，它是通过组织一个互相关联的完整的概念系统而进行构建的，又称空间隐喻。“方位隐喻的空间方向来源于我们的身体以及它们在物理环境中所发挥的作用”如上—下、前—后、里—外、深—浅等。由于方位隐喻的概念产生较早并可被直接理解，因此，很多情况下，人们会有意识地将这些比较直观的概念投射于情感状态、物理水平、社会地位、行为表现等比较抽象的概念上，以此帮助人们更好地理解抽象概念。

基于方位隐喻设计图形用户界面，并非是基于用户熟悉的概念来构建界面上的新概念，而是以用户的自然及文化经验为基础，组织一个互相关联的概念系统。方位隐喻把用户在现实生活中熟知的空间关系投射于图形用户界面的设计中，不仅能让未知的概念被用户认知，还能启发用户的想象，引导用户的行为。

以iBooks的翻书体验为例，其界面的交互手势是基于用户现实中的方位系统进行隐喻设计的。iBooks交互手势的操作方向是人们现实世界的行为对虚拟界面的投射（图32和图33）。因此，图形用户界面设计要符合大多数人的认知习惯。若是借鉴用户自然经验和概念系统以外的“创新”手势，在未建立统一规范的情况下，可能会造成用户的认知障碍，使用户难以形成舒适的习惯。

图 32　现实生活中用户的翻书行为

图 33　iBooks 图形用户界面设计

3.3.2 基于本体隐喻的图形用户界面设计

方位隐喻为我们认识世界提供了很好的认知基础，在图形用户界面中很多抽象概念得以依据其进行理解。但是它覆盖面毕竟有限，在理解某些抽象概念时，还需要根据一些实体或者可替代物理解和体验另一概念。本体隐喻（ontological metaphor）是以实体和物质来理解我们的经验，即“把我们的经验看成实体或物质，指称它们，归类、分组、量化它们，并通过此途径来进行推理”。

本体隐喻同样依赖于我们自身的经验系统，在图形用户界面中根据本体隐喻进行设计可以把抽象的概念替换为简单易懂的实体。本体隐喻又可以被细分为实体和物质隐喻、容器隐喻、拟人隐喻三类。

3.3.2.1 基于实体和物质隐喻的图形用户界面设计

基于实体和物质的隐喻就是从现实生活中的实体和物质入手，寻找图形用户界面设计抽象概念的解决办法。因为源于用户的真实生活，来自用户的概念系统，基于隐喻的优势便体现出来：利用熟悉感帮助用户理解上手，并带来亲切感。

谷歌Chrome浏览器的系列应用图标中，很多是基于实体和物质的隐喻进行设计的。Gmail作为一款电子邮件应用，是基于现实中的实体信封进行设计的（图34），并且做了相当程度的精简，同时结合必要的符号M，灵活且基于本体隐喻解决了用户的认知障碍。Google Docs作为一套办公软件，主要用于处理文件，它的图标是以现实生活中的实体文件为基础进行设计的（图35），通过右上角纸质文件特有的折角设计，隐喻了纸质文件的质感，起到了画龙点睛的作用。

图 34　Gmail 图标设计

图 35　Google Docs 图标设计

可见，为了达到帮助用户理解的目的，基于实体和物质的隐喻可以使用的范围非常广。像这样的隐喻在我们的脑海中是如此的普遍和自然，因而通常被认为是心理现象不言自明的直接表述，很多情况下，人们没有意识到它们是基于实体和物质的隐喻。

3.3.2.2 基于容器隐喻的图形用户界面设计

容器隐喻（container metaphor）作为本体隐喻的重要组成部分，就是将本不是容器的地域、视野、事件、行为、活动、状态等均视为一种容器，使其有边界，能够被量化。基于容器的隐喻能够体现两个比较明显的空间概念，即在里面和在外面。房屋、纸箱等就是很明显的容器，但也有些物质不具备明显的容器特征，例如，就森林而言，我们把自己看作在森林中或在森林外，这是由于我们把容器的特征不自觉地强加给了自然环境，使其变成可以被量化的物体，以此帮助自己更准确地进行认识。

基于容器隐喻设计图形用户界面，不仅能够使软件产品的信息架构更加明确，还能够整合不同产品的功能，规划图形用户界面的利用空间。

首先，基于容器隐喻的设计可以优化信息架构，使图形用户界面可以更好地被用户理解。无论是一个复杂的计算机操作系统图形用户界面，还是看似简单的某个网页图形用户界面都被放在了一个平面之内，它们均涉及很多页面之间的切换。有些时候，用户对于这些页面是如何被组织起来的，某个页面的入口在何处，是混淆不清的。基于容器隐喻进行设计能够让这些概念的条理和层级清晰起来，使软件产品的信息架构更加明确化。

例如，苹果公司推出的Mac OS X系统中桌面顶部菜单的设计（图36），就是基于容器隐喻的设计。菜单栏本身被视为一个盒子，里面有诸如Finder、“文件”“编辑”“显示”“前往”“窗口”“帮助”这样的小盒子，在这些小盒子中还包含更小的子盒子。很多功能都被填充进这样一个平面的容器之中，并且分为不同的层级。用户在面对很多信息时能够清楚地了解自己处于哪个页面的哪个功能上。

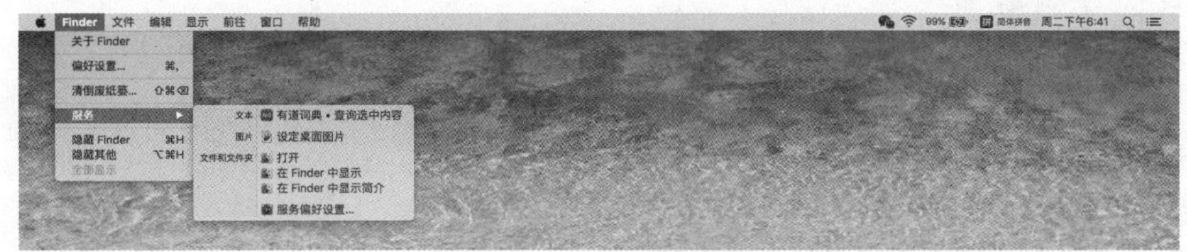

图 36　Mac OS X 系统中桌面顶部菜单

并且，容器隐喻可以将不同产品的功能互相整合规划，节省很多界面空间。例如，iPhone 6手机系统软件支持在桌面上建立文件夹，从而将可以轻松归为一类的软件聚集起来（图37）。很多应用软件也经常使用Actionsheet（上拉菜单）、Popover（弹出框）这些“容器”来管理界面设计（图38）。

图 37　iPhone 6 手机界面

图 38　Canary 手机系统图形用户界面

3.3.2.3　基于拟人隐喻的图形用户界面设计

最明显的本体隐喻是那些自然物体被拟人化的隐喻。基于拟人的隐喻是把一些非人类的东西看成了人类，它是一个笼统的范畴，覆盖的隐喻种类繁多，并且不同种类的隐喻选取了人的不同方面或者是观察人的不同方式。它们的共同点就是都属于本体隐喻的衍生。基于拟人隐喻的图形用户界面设计，能够让用户根据人类自身的动机、目标、行动、特点等加以了解界面功能并产生兴趣。

Timehop作为一款浏览回忆的App，它可以将用户的社交媒体账户与其他软件连接在一起，把用户“去年今日”或“某年今日”写过的Twitter、Facebook状态和Dropbox储存的照片等通通翻出来，帮助用户回顾“去年今日”的自己。Timehop通过基于拟人隐喻进行设计，把现实中用户的形象投射于界面中，塑造了一个小恐龙以引导用户进行操作。活泼的隐喻加上幽默的文案把产品的品牌形象生动地表现出来，令用户在操作时与产品产生积极互动，获得良好的用户体验。

登录图形用户界面时，一只小恐龙表示“Let’s time travel”（图39），立刻将用户从情感上带入了重拾难忘岁月的时光旅行中。进入界面以后，用户迷惑地看到露出一半身子的小恐龙招手说：“My mom buys my underwear”，但是，在继续向上拖动界面以后，看见一只穿有内裤的恐龙。在这个时候，用户豁然开朗，哦！那年的今天，我妈妈给我买了一条内裤！（图40和图41）产品的气质便巧妙地通过拟人隐喻的方式传达给了用户。

图 39　Timehop 初始界面

图 40　Timehop 界面一

图 41　Timehop 界面二

3.3.3 基于结构隐喻的图形用户界面设计

在方位隐喻、本体隐喻中，通常只是简单地加以方位概念，指称并量化它们。结构隐喻则远不止如此，它为扩展某一概念的意义提供了更加丰富的资源。结构隐喻（structural metaphor）与方位隐喻、本体隐喻一样，也基于我们经验中的系统性关联，不同的是，它还能够让我们“以一个高度结构化的清晰界定的概念来构建另一个概念”。我们已经能够理解“网页界面是容器”这个隐喻，这表达出一些方位内涵，但是我们能以更加明确的方式将其结构阐述得更加详尽。这使我们不仅能清晰地阐明某一概念（如“网页界面”），还能找到恰当的方式凸显某一概念的某些方面，并隐藏其他方面。因此，结构隐喻既能表现出两个相关概念的结构化对应关系，又能体现出我们已知的概念对新概念的侵入。

天猫超市作为一款线上零售超市应用，其图形用户界面的信息架构设计与交互流程设计都是根据实体超市而来的。用户对于天猫超市的构想，包括界面上物品分类、购物方法等，都是基于自己对实体超市的认知与理解。天猫超市是基于结构隐喻进行设计的，这个隐喻让用户通过一个自己更容易理解的概念，即实体超市，来了解“天猫超市应用”这个抽象虚拟的概念。即使用户没有网上购物的经验，也能够根据在线下购物的概念系统完成线上购物。在实体超市，用户仔细挑选货架上的物品，把需要的物品放入手推购物车内，然后去超市出口结账；在天猫超市，用户在界面上选择商品，加入购物车后进行结算。由于线下和线上购物体验结构相类似，用户可以没有障碍地进行操作。

基于结构隐喻的图形用户界面设计，能够帮助用户更加简单、清晰地认识一个抽象概念系统的结构特征，并且在复杂的结构隐喻中可能采取简单的本体隐喻。

4　基于隐喻的图形用户界面的设计方法与原则探究

现今，设计师频频将隐喻作为一种设计手法应用于图形用户界面的设计中，并在大多数情况下把其视作语言学过渡到设计学中的修辞方法进行运用。本文将重点研究隐喻是如何作为一种认知思维应用于图形用户界面设计上的，并通过查找大量的、零散的案例，对现有设计问题及设计情况进行分析、归纳，总结出比较系统的有依据性的理论和原则。

4.1 基于隐喻的图形用户界面的设计方法

4.1.1 基于方位隐喻搭建图形用户界面视觉线索

在图形用户界面中，用户会利用方位线索来判断可操作的步骤和他们所处的位置，以了解产品的任务流程。基于方位隐喻的设计应关注用户目标，理解用户期望、需要、动机和环境因素，在必要时搭建足够的视觉线索，为用户提供相应引导，而非直接表意，从而告诉用户应该如何操作、向哪里浏览、哪些控件可以被使用，甚至哪些操作可能会带来哪些结果。

4.1.1.1 引导用户交互行为

基于方位隐喻设计视觉化目标线索，即把用户在现实生活中熟知的空间关系投射于图形用户界面的视觉元素设计中，这种投射需要通过文字或者客体的物理表征等线索来进行表现，从而对用户的交互行为起到有效引导的作用。PayPal的界面元素（图42）就是基于方向隐喻设计，从而搭建视觉线索的一个很好的例子："Text Yourself the App Link"的按钮外观突出，看起来是可以触控的，它提示用户可以向下按压，而其文本信息则明显提示操作的结果。Copyblogger网站中的视频则是通过"向右即播放"的标识线索提示用户如何播放视频文件（图43）。即使用户从前未曾接触过这类产品，也可以根据这些物理表征判断如何与图形用户界面进行交互。

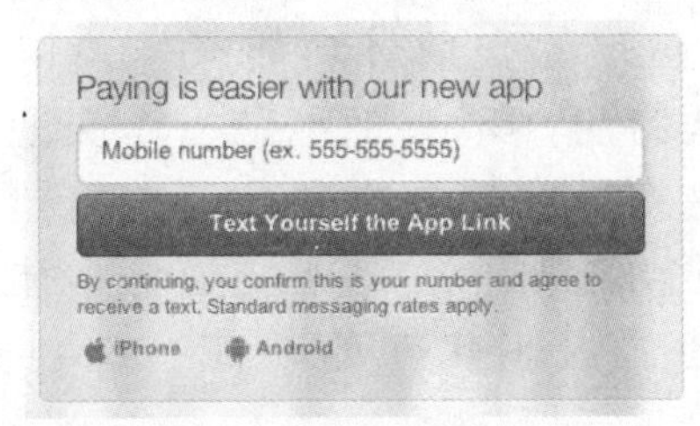

图 42 PayPal 的界面元素

图 43 Copyblogger 网站视频

4.1.1.2 提示用户当前位置

用户通常会根据界面的启示来确定他们所处的位置，基于方位隐喻的设计要为用户提供准确的线索，帮助用户准确判别自己的位置以及所走的方向。这种线索式的隐喻通常会比较抽象，是通过对现实事物的空间方位规律进行总结后再设计。Fetch软件应用的Delete File窗口，曾经出现过这样的问题：窗口内文字信息提示不明并且窗口上方没有出现任何标题。用户不得不记住他们之前调用的功能和自己的位置信息。关于这点，Mac OS X系统的图形用户界面设计对于当前信息与用户位置做出了很好的反馈（图44），界面的窗口不仅表明了当前操作信息位置（此处为键盘设置），键盘下包含的四个选项，即键盘、文本、快捷键和输入源也提示得比较清楚，并且窗口内提供了用户所处的位置信息——蓝色按钮即键盘的位置，这就通过颜色给予用户区分其他功能的线索。

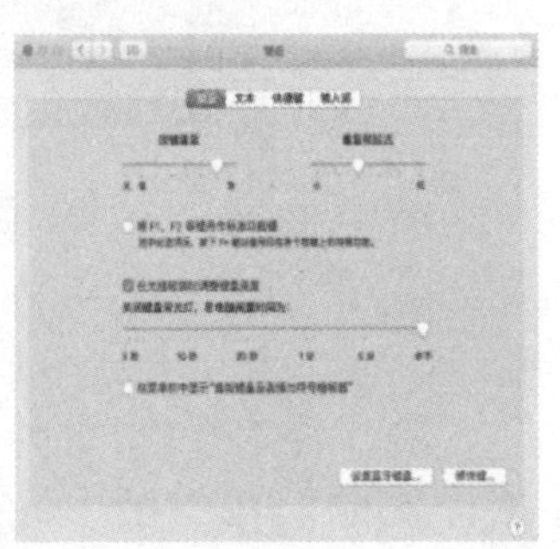

图 44 Mac OS X 系统键盘设置

这种线索的启示不仅能依靠颜色进行传达，还可以通过很多不同的设计方式表现。虾米音乐首页的图形用户界面上放有轮播广告图，这带有暗示意味的设计是为了告诉用户这些是可以被选择和单击进入的。如果用户对于他们在哪里、到过哪里、能去哪里迷惑不解，轮播广告图的存在就意义不明了（图45），如果仅仅稍作改变，通过右下角的小点点进行提示，那么轮播图代表的主题共有几个，用户处在界面的什么地方，就会变得一目了然（图46）。

图 45 虾米音乐首页轮播广告图一

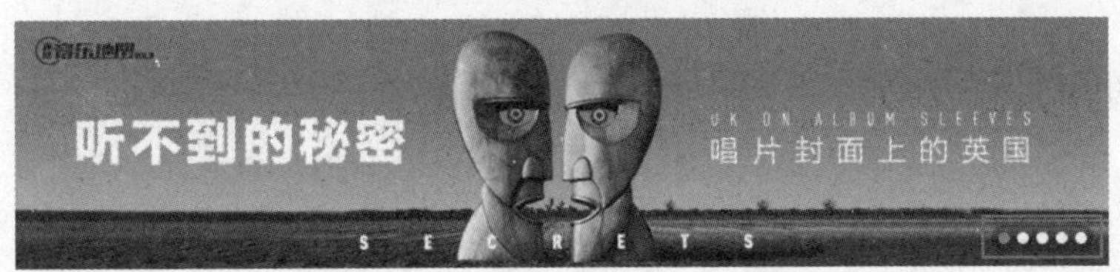

图 46 虾米音乐首页轮播广告图二

4.1.2 基于本体隐喻强化图形用户界面功能概念

设计目的的准确传达是用户快速获取产品功能的有效途径。基于本体隐喻的设计应以用户经验为基础，把用户熟悉的某一物质的某个特征应用于界面设计上，以传达某项具体功能。图形用户界面上的大部分图标功能就是依赖本体隐喻而传达可操作信息的。信封图标意味着收发电子邮件的功能，房子图标意味着回“家”（主界面）的功能，打印机图标意味着打印文件的功能，电话听筒图标意味着接打电话的功能，链条图标意味着建立链接的功能。

在Mac系统中，窗口左上角的三个按钮是以交通灯为本体进行的隐喻设计，这三个按钮分别是“关闭按钮”“最小化按钮”“最适化按钮”，它们分别对应交通灯中的红灯、黄灯和绿灯（图47）。用户在已知的概念系统中已经形成了对交通灯功能认知的心理模型，即红灯为停止、黄灯为等待、绿灯为通行。这种认知能够帮助用户利用已知的交通灯功能来体验用户界面的新功能。此创意是乔布斯提出的，最初很多人无法接受，认为用户不会把电脑当作交通灯使用。但是，随着设计的实施，用户体验得到了大幅度提高。在最初，窗口左上角的三个按钮的颜色均为灰色，用户想要明确区分它们并不容易。为了强化按钮的功能概念，基于交通灯本体进行设计，帮助用户很好地理解了红色为“关闭”的功能；黄色为“最小化”的功能、绿色为“适应桌面”的功能（图48）。

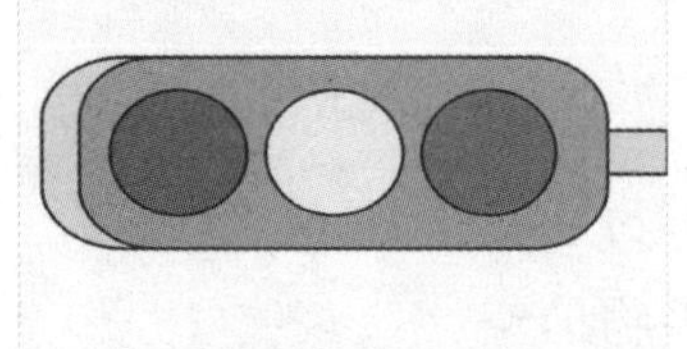

图47　交通灯

图48　Mac OS X 系统网页窗口选项

基于本体隐喻设计图形用户界面，可以使用户通过熟悉的实体或物质产生相应的某一界面通感，使他们在生活中的感觉在界面中有所触发。恰当的本体隐喻会在一定程度上降低他们的理解成本，强化图形用户界面的功能概念。基于本体隐喻的设计可以从很多具体方面入手，如形状、材质、颜色等。

4.1.3 基于结构隐喻架构图形用户界面交互流程

用户在界面上进行操作时，往往倾向于熟悉且安全的方式。当交互受到阻碍时，目标就会被中断、停止。基于结构隐喻设计，即把高度抽象的图形用户界面结构通过用户概念系统中已知的、更加明确的结构表现出来，架构一个自然的图形用户界面操作流程。在这种情境中，用户无需付出高昂代价或大量时间纠正自己的错误就能达到操作目的。

在用户的概念系统中，对“寻找图书”的理解结构为：当自己需要读书的时候，就会自然地从家中的书架上寻找需要阅读的书目，找到之后，取下来翻开阅读，并偶尔做做笔记；若是书架上没有自己需要的书籍，他们则会开车去图书馆或书城进行借阅或购买。微信读书就是借助这种“寻找图书”的概念结构进行图形用户界面设计的。用户打开微信读书时会看见自己的书架（图49），“取出”一本书进行阅读，伴随着阅读的过程可以时常“做笔记”；若是书架上没有自己想要的书籍，去“书城”购买即可（图50）。微信读书中的书城包含各种分类的书籍，若是在分类中找不到，用户还可以寻求“向导”的帮助——“搜索”查找。微信读书应用的操作流程设计为用户提供了一个低风险的环境，用户会根据自己概念系统的结构映射在界面上进行操作，在这种情况下，用户不会犹豫要如何与应用进行交互：“嗯，我知道这该怎么做。”

图 49　微信读书书架界面

图 50　微信读书书城界面

基于结构隐喻的图形用户界面设计架构的操作流程，能够让用户有代入感。在这种情况下，图形用户界面的信息可以轻松地被用户感知。用户能够根据自己熟悉的概念系统对于当前的操作步骤保持鲜明的意识，并专注于当下的任务。

4.2　基于隐喻的图形用户界面设计原则

“隐喻性概念”具有相似性、系统性和连贯性的特征，基于隐喻的图形用户界面设计都应把其特点纳入考虑之中。但是，在具体的设计中，基于三种隐喻类型的设计还需要根据其不同的特点特别注意某些原则性的问题。

4.2.1　基于方位隐喻的图形用户界面设计原则

基于方位隐喻的图形用户界面设计能够帮助用户在操作的时候避免某些认知和行为障碍，从而快速完成预定目标，获得良好的用户体验。但是基于方位的隐喻设计并未随意的，设计师在设计的过程中需要遵循四种原则，即非任意性、线索系统性、多维连贯性、文化一致性。

4.2.1.1　非任意性

非任意性是作为基于方位隐喻的图形用户界面设计的基本原则之一。由于“隐喻性概念” 是以人类经验为基础并根植于人们概念体系中的，因此图形用户界面中空间方位的表达若是脱离用户的经验基础，就难以被用户理解。方位隐喻应考虑用户的自然及文化经验，做到有理有据，从而引导用户的联想，帮助其完成认知理解。

4.2.1.2　线索系统性

基于方位隐喻设计的图形用户界面应遵循线索系统性的原则，即其空间内部应具有清晰的系统性，从而形成一个连贯的、一致的体系而非孤立的、不一致的特例。此外，基于方位隐喻的图形用户界面的设计具有线索系统性，实则也是为了照应用户的心理模型。用户通过不断置身于图形用户界面设计完整的系统下，会逐渐建立起属于自己的心理模型，在操作的过程中为了快速完成操作目的，而形成自己的心理捷径。

用户在打开一个全新网页时，期望能够在网页顶部看到网站名称、导航条、搜索位置等相关信息，这是因为，用户在多次的图形用户界面体验中，已经建立起对于网页的系统性认知框架。这时，如果设计师没有按照用户的操作习惯、或者说心理模型来进行设计，用户就会迷惑不解，从而体验效果也有所降低。

例如，在一个多页对话框的最后一页，Next（下一步）和Back（返回）按钮交换了位置（图51）。大部分用户不会立刻注意到这项变化，甚至会不断地重复返回上一页的操作。这不仅仅是因为该方位隐喻在图形用户界面内部不具有系统的连贯性和一致性，因此不符合用户已经建立起来的心理模型，从而出现操作失误，还因为基于方位隐喻的表达不符合用户对于空间认知的经验基础。在用户的空间认知系统中，在绝大多数文化下，用户对于时间轴的概念认知会投射到此操作步骤上，即以前发生的事情在左边，以后将要发生的事情则在右边。

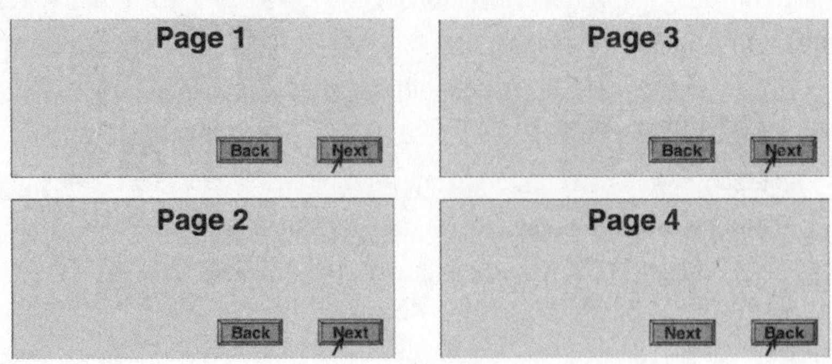

图 51　多页对话框

4.2.1.3 多维连贯性

隐喻是以人的经验为基础从而能够得到充分展现和理解的，而人的经验又是多维的，在很多情况下其具有连贯性。由于我们所生活的客观世界会给予我们多维的经验，因此，大多数基于方位隐喻的图形用户界面的设计是根据一个或多个空间化隐喻组织而成的，其应具有多维的特性。

例如，在现代文化中，用户对于语言的阅读习惯是从左到右的，并且一段文字中文字的先后顺序、一串数字中数字的先后顺序，甚至书写一个文字或数字时，各笔画的先后顺序，都是按照从左到右来的，关于“以前”逻辑的都在左边，“以后”逻辑的都在右边。这种经验也在其他维度得到连贯的理解。例如，人们对于时间轴和数轴也有向右正延续的理解，认为已经发生的在时间轴的左边，将要发生的在时间轴的右边。在图形用户界面的设计过程中，设计师会根据用户的这种方位逻辑进行相应的设计。对于Cancel（取消）/Ok（确认）来说，为了符合用户方位逻辑的暗示，“Cancel”一般被置于左边，“Ok”一般被置于右边（图52），如果调换两者的位置，用户的视线流将会往返于两个按钮之间，通过反复确认才能完成操作任务（图53）。

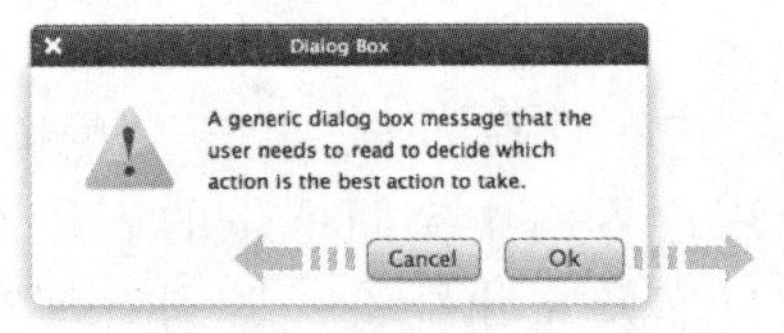

图 52　用户方位逻辑图

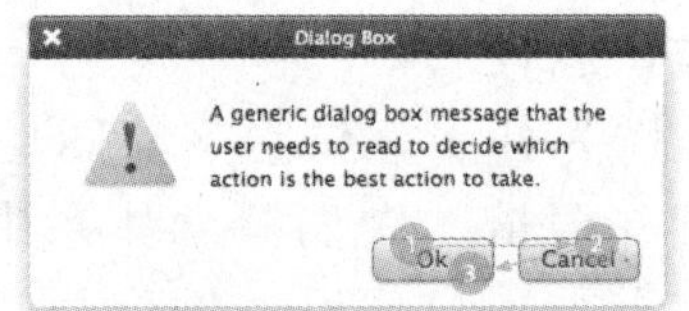

图 53　用户视线流

4.2.1.4 文化一致性

图形用户界面中的方位隐喻扎根于物理和文化经验中，应遵循文化的一致性原则，不可随意安排。因此，在图形用户界面设计中，方位隐喻的建立依赖于不同用户的不同文化基础。由于设计师能够通过隐喻与用户脑海中的文化概念系统相照应，因此不同文化下，应该选择哪种隐喻，哪些作为主要的隐喻而存在，也随之不同。

在中国以及很多其他国家，用户的身体和文化上的体验为：从左向右书写、阅读文字。与此不同的是，在阿拉伯国家，书写和阅读方向均是从右向左。为了与不同用户的不同方位逻辑相匹配，设计师会把这种空间方位的概念投射于图形用户界面的设计上。例如，苹果手机的图形用户界面设计遵循了方位隐喻与用户文化基础相一致的原则，在中文里，返回“设置”操作的按钮位于手机屏幕左上角（图54），然而，一旦把手机切换为阿拉伯文，返回“设置”操作的按钮则自动切换到右上角（图55），十分符合用户基于文化基础建立起来的心理模型。

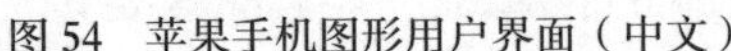

图 54　苹果手机图形用户界面（中文）

图 55　苹果手机图形用户界面（阿拉伯文）

4.2.2 基于本体隐喻的图形用户界面的设计原则

基于本体隐喻的图形用户界面设计不仅能强化其功能概念，还能引导用户有效联想。但是，在某些时候，不恰当的隐喻设计会造成用户的认知偏差，导致错误的操作行为。因此，设计师在基于本体隐喻进行设计的同时，应特别注意遵循两点原则，即功能相似性、表述准确性。

4.2.2.1 功能相似性

基于本体隐喻的图形用户界面设计其本体和喻体之间需要跨域关联，即在功能上具有明显的相似性。相似性听起来简单，实则却是一个复杂的概念，它可以作为基础存在，同时又是可以被创造的。重要的是，功能相似性要以文化为依托，并依据用户的概念系统体现出与其匹配的功能。

例如，iPhone手机有一款名为Ness的应用程序，它可以根据用户的喜好提供餐厅的推荐。并且，用户可以在这款应用里分享自己的用餐细节。在分享的界面中有四个选项（图56），即DIRECTIONS（目的地）、CALL（电话）、MAIL（邮件）、MESSAGE（短信）。如果文字标签被拿走，用户可能就无法理解汽车图标暗示着分享路线这项功能。显然，汽车图标也是基于本体隐喻进行设计的，但是用户感知到的功能却和设计者想要传达给用户的功能不具有相似性。如果用户不是驾车去目的地呢？用户可能感觉混乱、无法理解，因此，设计师要对这个图标思考一番，寻找更加合适的隐喻。在这个案例中，或许地图标记是一个更好的选择。

图 56　Ness 的图形用户界面

4.2.2.2 表述准确性

基于本体隐喻进行图形用户界面设计的同时，应仔细考量界面元素的表述是否准确，是否符合现实生活中用户的逻辑。有些时候，图形界面中基于隐喻的设计确实是从用户的概念系统出发的，也具有一定程度的功能相似性，但是由于设计的偏差，用户不能理解其功能的表达。

Tumblr作为一款轻博客网站，其编辑器的某些选项设计由于表达不准确，会给用户制造一些混乱（图57）。用户在使用编辑器的过程中，可能无法鉴别出创建链接和删除链接的图标。链接的既定概念模式通常基于生活中链条的形象，在图形用户界面的设计中，往往会用两个或者三个连接在一起的环形链条的隐喻进行表述。在Tumblr编辑器的界面中，用户却无法找到这个图标。最接近的图标是左数第四个，它看起来却像一个倾斜的无限符号，在它右边是加了删除线的倾斜无限符。这些图标看上去是否比环形链条图标更美观？或许是的。但是用户在理解这些图标传达的功能的同时却需要很多心理努力，因为这个图标看起来非常像无限符，这没有遵循基于本体隐喻的准确性原则。

图 57　Tumblr 编辑器

4.2.3 基于结构隐喻的图形用户界面的设计原则

基于结构隐喻的图形用户界面设计能够以高度结构化清晰界定的概念来构建抽象产品的概念，从而架构有效的交互流程。值得注意的是，基于结构隐喻的图形用户界面需要以自然的表现形式进行设计表述，照搬照抄的“整体隐喻”不但会影响用户的思维判断，还会使产品受到物理世界的限制，因此，设计师在基于结构隐喻设计图形用户界面时，应特别注意遵循结构系统性和目标凸显性的原则。

4.2.3.1 结构系统性

基于结构隐喻的图形用户界面设计要遵循结构系统性的原则。这表示选取用户熟悉的概念结构进行抽象概括时，此结构包含一部分系统模式。并且，本体概念网络的一部分，构成了喻体概念的某些特征。好比基于现实中的“寻找图书阅读”这一概念来隐喻微信读书应用，“寻找图书阅读”这一事实系统地影响了微信读书这一应用图形用户界面的形态以及它的信息架构。微信读书应用基于用户现实生活中在书架上寻找图书阅读，或者到书城搜索、购买进行阅读这一系统性结构概念进行设计的，因此它也具备可以做笔记、需要出钱购买、能够预约即将上架图书的特征，是一个完整的概念系统，符合结构系统性的原则。

4.2.3.2 目标凸显性

基于结构隐喻的图形用户设计能够帮助用户通过彼概念理解此概念的一个方面，但是同时也会隐藏此概念的其他方面。因此，在设计的同时，必须看到的是隐喻对这些概念的构建只是部分的，而非全面的。如果是全面的，一个概念实际上就是另一个概念，而不仅仅是通过那个概念才能理解。

Microsoft Bob是作为一款办公软件被开发的，它的图形用户界面是基于“办公室景象”的结构进行隐喻设计的（图58）。用户办公室里应该存在的桌子、日历、时钟、文件夹、笔记本在图形用户界面上都得以体现，它还为用户提供了一定的自由度，即用户可以对房间里的东西进行一定程度的自定义，如用户可以根据喜好来移动房间内的物体。但是，由于这款产品并没有把握好用户的需求度，过度的“整体隐喻”非但没有凸显图形用户界面的主要目标，还导致此产品变成了物理世界的完全复制。

图 58　Microsoft Bob 图形用户界面

当设计师通过用户经验系统中熟知的某一概念结构构建图形用户界面的某一概念时，这种构建仅仅是部分构建，其必然会凸显一部分目标属性，并隐藏另一部分其他属性。因此，基于结构隐喻的图形用户界面设计应遵循目标凸显性的原则。

结语

现阶段，市场上软件产品竞相涌现，产品功能大多趋于平均化的发展，这为图形用户界面设计带来了巨大挑战。为了赢得更多用户的信赖，获得市场竞争优势，如何提高图形用户界面设计的可用性并减轻用户认知负担，使操作流程更加人性化，是值得每位设计师认真思考的问题。基于隐喻的图形用户界面设计能够从本质上降低用户学习成本、引导用户交互行为、满足用户情感需求、提高产品核心竞争力。本文参考不同的学科理论，结合国内外研究现状，首先对图形用户界面设计中隐喻的工作机制进行阐释，并说明其作为一种认知思维在图形用户界面设计中的重要性；其次，从宏观上具体分析了图形用户界面设计的发展历程，着重研究其中以隐喻为基础的界面设计的不同特点；再次，从著名隐喻研究学者莱考夫与约翰逊的理论入手，把基于隐喻认知思维的图形用户界面设计分为不同类型，通过剖析具体案例加以佐证和支撑；最后，在此基础上，通过查阅大量文献资料，寻找设计案例，整理、分析优秀设计作品以及现有设计问题，归纳总结出比较系统的有依据性的结论方法和原则。

参考文献

[1] Sidney L. Smith, Jane N. Mosier.Guidelines for designing user interface software [J]. Behaviour & Information Technology，1986(29):39-46.

[2] 施耐德曼，普莱萨特. 用户界面设计:有效的人机交互策略 [M].5版.张国印,等，译.北京：电子工业出版社，2011.

[3] 克鲁格. 点石成金:访客至上的Web和移动可用性设计秘笈 [M].3版. 蒋芳,译.北京：机械工业出版社，2014.

[4] 约翰逊. 认知与设计:理解UI设计准则 [M].张一宁，王军锋,译.北京：人民邮电出版社，2014

[5] 加瑞特. 用户体验要素:以用户为中心的产品设计 [M].2版.范晓燕，译.北京：机械工业出版社，2011.

[6] Thomas Erickson. Working with Interface Metaphors [J].Readings in Human－computer Interaction，1995:147-151.

[7] 方敏.文化传播视野下的图形用户界面设计研究 [D].苏州：苏州大学，2009.

[8] 许芯.隐喻设计在图形用户界面中的可用性研究 [D]. 杭州：浙江工商大学，2011.

[9] 刘超.基于隐喻理解的移动终端界面交互设计 [D]. 北京：北京邮电大学，2010.

[10] 卢荣青.网页界面设计的隐喻要素研究 [D].长沙：湖南大学，2007.

[11] 梁怀宗.一个面向儿童的界面隐喻的分析、设计及评估 [D].西安：西北大学，2009.

[12] 丁占华.移动端用户界面中隐喻设计的行为引导作用研究 [D].北京：中央美术学院，2016.

[13] 张剑，李曼丹.UI设计与制作 [M].重庆：西南师范大学出版社，2015:171.

[14] 亚里士多德.诗学 [M].陈中梅，译.北京：商务印书馆，1998.

[15] 束定芳.隐喻学研究 [M].上海：上海外语教育出版社，2000.

[16] 乔治 · 莱考夫，马克 · 约翰逊.我们赖以生存的隐喻 [M].何文忠，译.杭州：浙江大学出版社，2015.

[17] George Lakoff，Mark Turner. More than Cool Reason: A Field Guide to Poetic Metaphor [M]. Chicago：University of Chicago Press, 1989.

[18] Nathan Lineback. Xerox Alto[DB/OL].http://toastytech.com/guis/alto.html.

[19] 戴力农.设计心理学[M].北京：中国林业出版社，2014.

[20] 马力. 产品设计的思考方式[DB/OL].https://zhuanlan.zhihu.com/p/22195801.

[21] 唐纳德 · A.诺曼.设计心理学 [M].梅琼，译. 北京：中信出版社，2010.

[22] 唐纳德 · A.诺曼.情感化设计 [M].付秋芳，程进三，译. 北京：电子工业出版社，2005.

[23] 史蒂夫·克鲁克.点石成金：访客至上的Web和移动可用性设计秘笈[M].蒋芳，译. 北京：机械工业出版社，2006.
[24] 阿兰·库珀.About Face 3 交互设计精髓 [M].刘松涛，等，译. 北京：电子工业出版社，2012.
[25] Jon Kolko.交互设计沉思录 [M].2版.方舟，译. 北京：机械工业出版社，2012
[26] 郭娅.触屏手机交互设计的隐喻设计方法研究 [D].北京：北京印刷学院，2012.
[27] 廖宏勇.图形界面的隐喻设计 [J].同济大学学报：社会科学版，2010（21）：76-82.
[28] 崔艳辉.隐喻与认知 [D].长春：吉林大学，2015.
[29] 任美琪,谢庆森.手机交互界面中图标的隐喻设计研究 [J].包装工程，2014（35）：29-31.
[30] 路杰.隐喻在产品设计中的应用研究 [D].石家庄：河北科技大学，2011.
[31] 姜葳.用户界面设计研究 [D].杭州：浙江大学，2006.
[32] 王愉.软件界面中的隐喻研究 [C]//科学与艺术·数字时代的科学与文化传播:2012科学与艺术研讨会论文集，2012.
[33] 王鑫威,廖雪澄,张华良. 手机界面中的隐喻设计研究 [J].数位时尚(新视觉艺术)，2012(2):91-92.
[34] [作者不详]. 产品细节中的情感化设计 [J].工业设计，2015（1）：50-51.
[35] 孙晓玲.图形用户界面中的符号学研究 [D].上海：华东师范大学，2011.
[36] 徐盛桓.隐喻的起因、发生和建构 [J].外语教学与研究，2014（46）：364-480.
[37] 李平,李瑛.浅析结构、方位和本体隐喻之间的重合 [J]. 四川教育学院学报，2012（2）:60-63.
[38] 束定芳.论隐喻产生的认知、心理和语言原因 [J].外语学刊，2000（2）：23-33.
[39] 朱小杰.图形用户界面设计中隐喻的作用研究 [J].装饰，2014（3）：116-117.
[40] 杨焕.智能手机移动互联网应用的界面设计研究 [D].武汉：武汉理工大学，2013.

青年亚文化视域下的薇薇安·威斯特伍德 20世纪七八十年代服装设计风格研究

作　者：刘翕然　　　指导教师：滕晓铂

摘要　20世纪七八十年代是薇薇安·威斯特伍德服装设计生涯的早期阶段，对其个人风格的形成有至关重要的意义。在这一时期，随着世界政治经济格局的多极化趋势，青年群体开始逐渐形成一股力量，英、美等西方世界国家乃至整个世界范围内青年文化愈演愈烈。薇薇安捕捉并带领了这一时期发生在英国的青年亚文化运动之一——朋克运动，并将其中文化层面的部分通过服装风格的演绎推向高潮。在完成这种制造身份认同的过程中，薇薇安·威斯特伍德作为朋克文化的领军人物和服装设计师，逐步确立起自己的服装设计风格。通过对薇薇安·威斯特伍德这一时期设计作品的分析，可以启迪当前中国青年一代服装设计师的设计思维：作为青年设计师，应该回归青年群体，不盲目追随风格和潮流，用自己融入青年群体中的独特视角影响和创造有意义的风格，这是青年设计师在服装事业上取得突破的出路之一。

关键词　薇薇安·威斯特伍德　服装设计　朋克文化　设计师品牌

1　朋克文化的生发与影响

20世纪七八十年代是薇薇安·威斯特伍德服装设计生涯的早期阶段，对其个人风格的形成有至关重要的意义。同时，在这一时期，随着世界政治经济格局的多极化趋势，青年群体开始逐渐形成一股力量，英、美等西方世界国家乃至整个世界范围内青年文化愈演愈烈。薇薇安捕捉并带领了这一时期发生在英国的青年亚文化运动之一——朋克运动，并将其中文化层面的部分通过服装风格的演绎推向高潮。以此为据，朋克文化在当时的英国很快吸引了一大批青年参与其中，而服装风格作为这一青年群体抵抗主流文化的方式之一，为相当一部分社会边缘群体提供了群体性身份认同。另外，在完成这种制造身份认同的过程中，薇薇安·威斯特伍德作为朋克文化的领军人物和服装设计师，逐步确立起自己的服装设计风格，包括但不囿于恋物癖风格、后启示录式风格、内衣外穿、拼接风格及拉扯和不对称剪裁，其共同点是尊重传统与历史，同时坦诚地依据事实的发展做出变化。这些风格深刻影响了其后续的一系列设计。

通过对薇薇安·威斯特伍德这一时期设计作品的分析，可以启迪当前中国青年一代服装设计师的设计思维：作为青年设计师，应该回归青年群体，不盲目追随风格和潮流，用自己融入青年群体中的独特视角影响和创造有意义的风格，这是青年设计师在服装事业上取得突破的出路之一。在分析和得出结论的过程中，本文有以下创新点：①将社会学学科范畴内的青年亚文化研究纳入理论基础范畴，结合相关研究理论探索出服装设计风格在其中的地位和作用；②将风格分析切分为文化风格与个人风格，从而更好地将设计师个案分析置于不同时间段的不同文化背景之下；③将社会学和人类学学科中有关阶级维度、代际关系和性别意识等方面的概念引入设计学研究范畴内，以架构更全景的学科体系。

想要明确朋克文化作为一种青年亚文化的特征，首先要澄清一个关于朋克的误区：尽管性手枪乐队横空出世的1976年被称为“朋克元年”，但究其根源，朋克的发源地并不是英国，而是美国。现如今，摇滚领域普遍将20世纪60年代在美国开始萌芽生发的朋克浪潮称为原型朋克，但这场所谓的浪潮并不能被归为朋克运动，它只不过是朋克风格形成之后人们对其开端的回溯。对早期朋克产生最直接影响的是60年代的车库摇滚和华丽摇滚，当然，从音乐风格上区分，与早期车库摇滚更相似的是一系列后朋克乐队，但细细剥茧抽丝，依然可以发现这其中真正的朋克音乐鼻祖——傀儡乐队（The Stooges）和MC5。自1968年傀儡乐队发行第一张同名专辑起，车库摇滚的风潮正式向朋克过渡。1975年，一本名叫《朋克》（*Punk*）的杂志出现了，自此，“朋克”一词开始逐渐广为流传。需要注意的是，20世纪70年代英美两地朋克相继大爆发，虽然两者最终走向了不同的道路，但当时的美国有一支名叫纽约娃娃（New York Dolls）的乐队，对薇薇安本人和稍后英国的性手枪乐队，以及整个朋克文化都产生了至关重要的影响。事实上，对于大多数美国人来说，朋克是一种音乐形式，而反观英国，尤其是伦敦，大多数人则认为朋克是一种造型或风格。尽管如此，20世纪70年代英美两地的朋克风潮始终是双线并行的，美国当地许多引领朋克潮流的俱乐部都直接受到当时薇薇安的店铺“人生苦短”（Too Fast To Live Too Young To Die，TFTLTYTD）的影响，而薇薇安于1973年受邀前往曼哈顿参加国家精品展，这次纽约行带给她诸多灵感，也让她与马尔科姆进一步地认识了纽约娃娃乐队。早在薇薇安的纽约行之前，纽约娃娃乐队的成员们就已数次造访薇薇安在英王道上的店铺，在这些美国朋克们看来，整个欧洲对服装和风格的关注很令他们着迷。在乐队成员的建议下，薇薇安和马尔科姆住进了切尔西酒店，并在那个夏天陆续结识了伊基·波普（Iggy Pop，傀儡乐队主唱）、卢·里德（Lou Reed，地下丝绒乐队主唱）和帕蒂·史密斯（Patti Smith），连同纽约娃娃一起，这些“纽约关系”都对后来的英国朋克运动产生了深远影响。纽约娃娃乐队对薇薇安及后来的以性手枪为代表的英国朋克造成的影响最直接地体现在纳粹十字的使用上。在薇薇安后续的一系列设计中，她逐渐将这一元素作为一种符号化象征提取出来，通过一定的角度翻转表达出正视历史的自由主义精神。

基于上述这一点，朋克文化更深层次的特征昭然若揭。从表面上看，朋克文化引起的是一种主流社会的道德恐慌，其中最典型的一个例子便是性手枪乐队（Sex Pistols）的单曲《天佑女王》在发行阶段一波三折的过程。由于乐队成员在电视节目中公开粗言秽语和单曲歌词过于极端等原因，《天佑女王》的发行先后被包括EMI、CBS和A&M在内的多家发行公司拒绝或解约，到最后，尽管单曲被维珍唱片（Virgin Records）签下，但在最终发行之时乐队还是在专辑封面上做出了妥协，于是前文中提到的带有安全别针的女王才变成了我们今天看到的样子。而即使是在发行之后深受追捧，《天佑女王》也没能逃过被主流文化放逐和边缘化的命运。当时，尽管面对着许多电台禁播和商店抵制的情况下，《天佑女王》依然在发行后取得了销量第一的成绩（图1）。然而英国各大音乐榜单一个公开的秘密是，这张单曲至今未被公开写入任何榜单的榜首，它要么被人为调整到第二名，要么就以榜首空缺的方式被处理。这种道德恐慌背后隐藏的，实际上是朋克文化最本质的特征：朋克们宣扬的“没有未来”的思想与主流价值观相悖，它揭露的是一种无法逾越的价值差异鸿沟，这实际上是偏离社会共识的。

图1　性手枪乐队专辑《天佑女王》发行版

在整个战后英国的各种青年亚文化中，朋克算得上一个被边缘阶级边缘化的群体。作为一种音乐形式，朋克摇滚存在的时间很短，界定也很模糊；作为一种文化运动，朋克文化又显得过于自发和混乱；作为一种社会现象，朋克文化的阶级性相较于同时期其他青年亚文化群体来说显然要弱很多。但朋克文化却是第二次世界大战后英国国内涌现出的青年亚文化中发展至今对整个英国社会影响最深远的，这与这种亚文化内在的矛盾性不无关系。亚文化是一种表达和解决父辈文化内在矛盾的方式，同时期其他的青年亚文化找到了非常明确的表达途径，但在解决阶段却难逃最终被主流文化收编的宿命。相比之下，朋克文化对矛盾的表达似乎有些含混，因为朋克们宣扬的是一种“没有未来”的虚无，他们破坏一切、摧毁一切，却只字不提其中的原因。然而朋克文化最终找到了最合理的表达方式：主动创造风格。这一重要特质让朋克文化面对主流文化的收编时具有更灵活的面孔，而朋克文化所创造出的风格有效回击了收编的风格，正是本文所探讨的前提和基础。

2 朋克文化的顶峰及代表人物

真正的朋克存续时间其实很短。世人现今所认知和了解的朋克其实只是正统朋克文化的延伸和变式，并不能说是薇薇安和其前夫马尔科姆·麦克拉伦（Malcolm McLaren）一起引领的那种作为青年亚文化而存在的朋克。在英国，朋克文化的兴起几乎是伴随着高潮进行的，尽管这种亚文化形式由美国展开，但它真正形成一股风格化的力量，却是自伦敦开始的，是自薇薇安开始。

朋克已死。从混乱和失序中脱胎，最终走向了品牌和高级定制，最毒辣的朋克大概早已死在了最好的年代。2013年，纽约大都会博物馆策划了一次名为“朋克：从混乱到高级定制”（Punk: Chaos to Couture）的朋克历史展览。仿佛为了佐证人们对于朋克的常识性了解一般，这次展览披挂着朋克文化历史的外衣，却以近乎翻版薇薇安·威斯特伍德开在切尔西（Chelsea）的精品店面貌示人。而展厅尽头高悬的席德·威瑟斯（Sid Vicious）的巨幅照片，似乎像是在提醒参观者：这是朋克。

在许多朋克音乐的死忠粉心目中，真正的朋克早已随着性手枪乐队的陨灭死在20世纪70年代末。也正因为如此，摇滚史上有了“后朋克”这一概念，许多人固执地将性手枪乐队之后的朋克归类为“后朋克”。抛开音乐领域的定义不谈，性手枪确实是当之无愧的朋克之父，可以说，没有性手枪乐队，就不会有“朋克”这个词。或者说，也许是薇薇安和马尔科姆创造了朋克文化，但却是性手枪乐队将这种青年亚文化用音乐、服装、风格和态度等多元的方式诠释给世人。因此，当我们用文化和历史的眼光解读朋克风格时，性手枪乐队所引领的朋克风潮就成为了绕不开的话题。

性手枪乐队的爆红与席德的加入密不可分（图2），而随着性手枪“席德时代”的到来，朋克风格中的暴力元素被薇薇安发挥到极致。薇薇安很喜欢席德，尽管在大多数人眼中，席德是一个没有是非观、毫无责任感、头脑简单愚蠢到不可理喻的巨婴，但薇薇安喜欢他。事实上，薇薇安喜欢一切穿着有趣的人，不论是美得有趣还是蠢得有趣，始终是“有趣”，能吸引薇薇安全部的注意力。席德加入性手枪乐队后，薇薇安的服装走向了其设计生涯中最为尖锐的阶段。毫无疑问，这其中很大的原因在于席德本人就是这样尖锐的，薇薇安在他身上将自己那些或明显或隐含的暴力元素发挥到了极致。对于这种极端而毫无缘由的暴力，薇薇安的态度显得有些矛盾，一方面，她曾表示对此的愤怒和不安，但另一方面，她又高呼着朋克们所信奉的“没有人是无辜的”（NO ONE IS INNOCENT）这一口号。但深究起来，这种暴力对薇薇安而言，从某种程度上讲是真诚的，她不辩解，因此，尽管其外化表现是煽动暴力，但其内涵是没有反叛因子的，甚至是单纯的。

图2　两位“约翰”：席德与罗坦

3 破烂的珍宝：走向时尚前沿的T恤衫

如果说破洞是朋克风格服饰的一大典型特征，那么T恤则是破洞广泛流行的起点。正如朋克文化本身一样，薇薇安式T恤文化的生发也同样缘于“意外”。1971年，正值痞子时尚风格回潮阶段，于是当年在伦敦西部温布利体育场举行的摇滚盛会上，众多痞子风乐队都参与了演出。为此，薇薇安精心准备了一系列痞子时尚风格T恤，试图在摇滚盛会上打开销路。然而结果并不尽如人意。这些T恤同当年演出的痞子风乐队一样，在温布利体育场遭到了冷遇。正是在这种情况下，薇薇安对销路不佳的T恤进行了改造，改造手段包括加铆钉、剪洞、印制标语等。而这些尝试救活了一批成本低廉的T恤，也在其后的日子里慢慢演化成为朋克风格的标签。

薇薇安在T恤上做了很多尝试，基本可概括为以下10点：①破洞元素；②袖口包边翻卷设计；③小塑料口袋（有些边缘缝彩线装饰）；④扯烂和撕裂风格；⑤贴花（包括瓶盖、铆钉、鸡骨、亮片和小链条等）；⑥无袖设计；⑦拼接风格；⑧乳头拉链设计；⑨印制图像；⑩印制标语和口号等文字信息（包括境遇主义口号、名字和缩写大写字母等）。其中大多数尝试在薇薇安随后的设计中继续发展，渐渐扩大了应用范围，成为了设计师本人和朋克潮流共同的视觉风格特征。而诸如乳头拉链、象征性图像印花和文字标语这样的元素，则与T恤紧密联系在一起，使得T恤从一件平凡无奇的单品摇身一变成为态度表达的手段。

今天看来，拉链元素在T恤中的运用不再是什么新鲜事。但即使是用今天最大胆的眼光来看，T恤上的拉链也只不过是个装饰，或者至多是将拉链设计在T恤背后（也鲜少有人真的将这种拉链一拉到底）。而在薇薇安20世纪70年代初的设计中，大量可实际拉开的拉链遍布T恤，这种设计最令人瞠目结舌的一点是，所有拉链都可拉开，且安排在较为私密的部位，如腰部、腋下甚至双乳部分。从基础结构上看，乳头拉链可以看作破洞元素的一种异化，而因为金属元素的颠覆性引入，这种异化的结果是使得原本多少有些粗暴的破洞更加具有张力和性暗示。

以薇薇安1971年设计的这件T恤为例。时年，“尽情摇滚”店铺仅开业一年，薇薇安的服装事业才刚刚起步，在这一阶段，薇薇安拆解了很多古典服饰并加以研究，以此为其设计增添“复古”式样风格。然而同时，设计师也在尝试一些突破性的出位元素。在这款T恤中，拉链和破洞同时出现，右侧的乳头拉链将T恤领口拽扯得非常低，而腋下、肩头和腰部的破洞及拉链则似乎已经把T恤完全撕扯成破布。此外，遍布T恤的图案印花也充满着大胆的裸露和性暗示。然而这种尝试并不是一次只为夺人眼球的无聊冒进，它完整地反映并关照着发生在二十世纪六七十年代西方世界的性解放运动。整个19世纪，西方社会都笼罩在维多利亚社会对女性贞洁的病态强调和宗教的强烈束缚之下，女性地位十分低下。在对维多利亚时期风格的服装进行拆解分析的过程中，薇薇安认清了这种性压抑本质上是对女性的歧视，这也正是性解放运动生发的根源。

薇薇安运用在T恤上的图像元素大多没有太过艰深的含义，因为这些图像被创造出来的初衷只是单纯的想要引起轰动，想要打破禁忌。这其中一个典型例子便是1974—1975年间，薇薇安与马尔科姆受纽约娃娃乐队的影响所创造的极具争议的纳粹十字主题图案（图3）。颇有意思的是，马尔科姆本身是犹太人，不管出于何种原因，他们最终还是将这个具有特殊政治含义的红色十字印在了T恤上，如果不是上方大写加粗的DESTROY（摧毁）字样和被倒转角度的标志，这样的图像几乎要被人认为是在为纳粹摇旗呐喊了。事实上，这一图像的创造既不是在高呼“纳粹万岁”，也不是在痛斥反对纳粹，它所代表的仅仅是一种讽刺和打破。“纳粹”这个词本身长期笼罩在压迫的阴影之下，老一辈犹太人对此采取的态度大多是缄默或避而不谈，即使谈起，也只是不断反刍“非人道”的说辞。但对于成长于20世纪中叶的新一代犹太人来说，纳粹的阴霾正在逐渐消散，而薇薇安和马尔科姆等想做的，是用不断唤起人们记忆的反讽和幽默、用不断激起的争议和讨论，来提醒人们直面此事。从根本上说，这是朋克文化中敢于打破禁忌、挑战成规价值观的激进体现之一。

图3　反纳粹印花长袖T恤

在薇薇安设计的T恤中，文字标语几乎没有独立于象征性的图像而单独存在。之所以它可以作为一种设计手段被单独提取出来，是因为薇薇安设计的T恤将早在20世纪初出现在当代艺术中的“字母主义”（Lettrism）引入了时尚领域。“字母主义”的理念最早见于第二次世界大战期间的军用品牌及战时的广告宣传中，并很快掀起了一场设计风潮，甚至在电影领域也产生了一种以念白为主、文字与画面相结合共同组成信息的“字母主义电影”。这是一件在朋克们心目中有着不可撼动地位的T恤，现如今，它连同南京锁、铆钉皮革手环、黑色皮靴一起，已经成为了人们心目中席德·威瑟斯的标准形象之一。显然，这是一件属于“热爱”清单的T恤，对于席德这样一位周身弥漫着自毁艺术的朋克精神领袖来说，再没有什么比身着一件印有“摇滚万岁”（Vive le Rock）字样的T恤更令人动容了。更重要的是，这种不具有强烈攻击性的标语有着更广泛的受众群，尽管朋克们在当时的英国社会掀起了一场场暴力革命， 但并不是所有追随这种风格的人都具备极端暴力、质疑一切和反抗一切的决心。“摇滚万岁”T恤的出现使得更多女性开始将朋克式T恤穿在身上，有时她们甚至会要求薇薇安等人在店铺中将T恤剪成无袖、短款等样式以更凸显她们的身材。在1986年上映的传记电影《席德与南茜》（*Sid and Nancy*）中，就多次出现主人公席德和南茜同时身着这款T恤的画面（图4）。片中饰演性手枪乐队成员的演员们的着装完全复刻了乐队真实的形象，而在薇薇安20世纪70年代设计的众多T恤中，电影着力表现了这款“摇滚万岁”， 这足以证明它在摇滚迷心中的影响力。

图4　电影《席德与南茜》剧照

总体上讲，是薇薇安·威斯特伍德将T恤引入了苛刻的时尚领域。在她眼里，T恤的简洁不意味着平庸，相反，这代表设计师可以从中同时捕捉衣服本身材质和穿着者情绪这两方面的态度，它就是一块纯洁的画布，而薇薇安要做的，是动用一切她认为有趣或有用的手段，在上面表达自己的政治理念、个人观点、艺术态度、性意识、对制度的反抗、对弱势群体的关照，甚至仅仅是无聊愤懑的情绪。没有什么是不能在T恤上表达的。而今天，维多利亚和阿尔伯特（以下简称V&A）博物馆收藏了大量薇薇安设计的T恤，这意味着这些T恤的价值已经不仅限于服装和时尚领域。薇薇安式T恤更大的价值还在于开辟了T恤材质新思维，推动了图像艺术的发展，将“字母主义”延续到今天。最重要的是，正是薇薇安在T恤方面所做的努力，为每个想要自我表达的个体开辟了一个奔走疾呼的新战场。

4　颓唐的华丽：朋克的皮囊——从皮革到橡胶

从20世纪50年代起，皮革就随着摇滚派的兴起和诸多影视作品的强大表现力成了一种象征男性气概的流行坐标。《飞车党》和《无因的反叛》（*Rebel Without a Cause*）自不必多说，这两部电影中的硬汉形象毋庸置疑地将皮夹克推上了时尚界的经典殿堂。此外，1967年上映的摩托题材电影《地狱飙车天使》（*Hells Angels on Wheels*）中（图5），大量的哥特电影艺术风格元素，如裹尸布、深色嘴唇等与皮革融合在一起，使得这一材质与色情、危险和死亡更紧密地结合在一起。这一切都可以被认为是薇薇安“情色时尚”的基础来源，从含混了痞子风的脏乱、摇滚派的刚毅和哥特风的阴森的皮革中，薇薇安找到了在这个阶段最能表达自己内心意图的装扮方式，她颠覆性地将皮革这种本身带有光泽的材料与骑行服结合在一起，做成一件件带有情色意味的紧身服装，再为这些服装搭配造型奇特的饰物，如金属链或铆钉——最终的效果是令人窒息的（图6）。这不是什么讽刺的说法，因为薇薇安想要营造的正是这样一种极端情色下的窒息体验，皮革与T恤一起：或是T恤作为皮夹克的内搭，或是皮革作为装饰粘贴在T恤之上，在20世纪70年代初期的这段时间里共同为朋克的面貌进一步发展形成奠定了基础。

图5　身着摩托车皮衣的马龙·白兰度

图6　皮质紧身衣饰以金属链、铆钉

暧昧而廉价的情色，几乎可以成为朋克风格的标签之一。如此说来，看上去更为昂贵的皮革显然与朋克破败的气质不太相符。薇薇安对橡胶的偏爱缘何而来我们不甚清楚，但有一点很明确：橡胶是一个与恋物癖挂钩的概念，它构成了薇薇安恋物服饰设计的根基。一直以来，这种材料都裹挟着一种神秘的情色感，它紧身、廉价，因其相较于皮革而言相对柔软的质地，穿在身上时会有明显的褶皱。也因为这种质地上的特点，橡胶比皮革更具可塑性，剪裁的余地和空间也更加自由。因此，在“人生苦短”时期，薇薇安在店铺中售卖的服装主要以锁链和皮革的搭配为主来表现色情主题，但很明显，皮革的表现方式较为单一，多为紧身衣裤，剪裁也比较中规中矩。店铺发展到“性”时期，薇薇安用服装表现性解放意志的态度越发明确，店铺中售卖的服装也开始更具有情色意味，性成为当时最流行的时尚概念，薇薇安也干脆将自己英王道430号上的店铺直接改名为“性”，店名牌则是三个粉红色的橡胶大写字母：SEX（性）。当时薇薇安的服装生意主要以搭配和二次设计为主，她也会自己动手做些衣服，但更多的是采购一些现成但平庸的服装，用实验性的方式对它们进行改造。在“性”店铺时期，薇薇安本人十分热衷于穿着橡胶便装，她本人认为，这一时期自己最好看的设计也是基于橡胶的。当时，薇薇安从当地一家服装市场里采购了一批橡胶半裙，这款裙子臀部剪裁非常紧，还配有腰带，穿着起来颇有定制款A字裙的风范。薇薇安偏偏是利用这样一款有几分正装风格的裙子，与进行过二次设计创作（主要以用各种颜色的墨水写上反叛风格的文字或色情的句子为主）的T恤搭配在一起，加上尖头鞋和紧身裤，这样一种拼拼凑凑的恋物癖风格服装，被薇薇安戏称为“向白领销售橡胶服饰”，其受众很小，但却几乎成为了朋克在真正意义上的开端——尽管当时，薇薇安本人还未曾意识到自己在做的就是朋克。

5　走不一样的路：鞋履的朋克革命

在时尚领域，鞋履的地位多少有些尴尬：一方面，它像配饰一样，总是充当装点整体搭配的角色；另一方面，它的影响效果往往又是致命的，一双与服装风格不搭配的鞋子，可以轻易毁了一整套搭配。薇薇安对鞋履的关注，基本上从1973年其设计生涯逐步走入正轨之后才算真正开始。此前，薇薇安的店铺中主要售卖的鞋子只有一种：小山羊软底皮鞋（图7）。即使是1973年之后，店铺中销售的设计款鞋履也大多是在现成品基础上进行再设计以搭配整体造型的鞋子（图8），“人生苦短”时期，店铺因为薇薇安创新性的再设计赢得了一批死忠顾客，除了薇薇安重新设计的痞子风格套装和各类定制T恤外，店里当时主要的流水额都是小山羊软底皮鞋的销售，这些鞋子通常会在周末前一天的晚上运到店里，次日上午店铺总是开门很晚，而鞋子总会在当天下午就销售一空。这种轻巧实穿的鞋子在稍后的设计中也时不时会出现，常被薇薇安用来搭配非秀场款服装。

图7　V&A 馆藏 1976 年制作的小山羊软底皮鞋

图8 “山羊”锁链靴（薇薇安私人鞋履 1973—1974 年“性”店铺时期）

1973—1976年，除了百搭舒适的小山羊软底皮鞋外，薇薇安设计的鞋履以细高跟鞋为主，主要用来搭配当时店内颇具色情和暴力意味的橡胶服饰，鞋款比较基础，通常是在黑色的浅口圆头高跟皮鞋或绑带露趾高跟凉鞋上镶嵌铆钉或金属搭扣，并未形成非常强烈的个人风格（图9）。

图9　V&A 馆藏铆钉高跟鞋（1974 年）

进入20世纪80年代后，薇薇安开始专注秀场设计，随着一个接一个系列的发布及品牌的逐步创立与推广，其鞋履设计的个人风格更加明确了，鞋履的风格也在逐渐配合和适应每一季新品服饰的整体风格。80年代薇薇安设计的鞋子主要有三种基本款式，即方头、厚底和靴，其中靴子又分踝靴和膝盖以下的中高帮靴，三种款式还经常交叉组合（如方头厚底鞋或厚底及踝靴等），此外还有少量基本款平底鞋。但不论哪一种款式，薇薇安在鞋履方面的设计已经摆脱了前期基础款细高跟鞋加金属装饰的单调，这三种薇薇安偏爱的鞋款有一个共同的特点：拒绝传统意义上的高跟鞋。而这几种鞋履款式，尤其是厚底鞋的设计，几乎可以成为薇薇安朋克服装风格的一个代表元素，直至今日还常常出现在其秋冬季的发布会中（图10）。

图10　V&A 馆藏金属扣高跟鞋（1974 年）

6　薇薇安·威斯特伍德的风格问题

内衣外穿，毫无疑问是薇薇安·威斯特伍德的重要脚注之一。然而今天，提起这一风潮，人们普遍会首先想到的却是麦当娜。人们不知道的是，尽管麦当娜引领了由薇薇安开创的内衣外穿之潮流，但就在这一风格成形前期，薇薇安与麦当娜之间曾有过一次以流产告终的合作。20世纪80年代，薇薇安已经与马尔科姆分道扬镳，专注于自己的时尚事业。当时的她时常往返于意大利和英国之间，并开始筹划“迷你衬裙”和“哈里斯粗花呢”两个系列的设计，而这两个系列都对内衣外穿风潮的最终形成有着至关重要的作用。现如今，时尚界通常将内衣外穿视为性解放在服装领域的延伸以及薇薇安女性主义设计的表现之一，但事实上，这种内衣语言的最初来源是薇薇安对传统艺术和复古服装兼具致敬和嘲讽的双重矛盾表达。

“迷你衬裙”系列是20世纪80年代中期薇薇安在意大利期间完成的作品（图11）。严格意义上的紧身胸衣设计出现在之后的“哈里斯粗花呢”系列中，但“迷你衬裙”之于内衣外穿风潮的重要意义在于，它开创了一种全新的女性服装剪裁方式。80年代早期，设计师们普遍倾向于用高垫肩制造廓形，以诠释服装的未来感，“迷你衬裙”的出现宣告着高垫肩时代的结束，薇薇安将传统的衬裙截断，强调女性的肩线和腰部轮廓。基于这一理念，薇薇安的“迷你衬裙”系列将裙子裁剪到足够短，胯部以下的轮廓呈钟形，通过将女性蜂腰宽胯的身材特质还原到服装剪裁上，真实的肩部轮廓随之得到了强调。“迷你衬裙”系列的另一个设计特征是裙子后方的花边处理。这一设计细节是对维多利亚时期繁复的女性服装的嘲讽，尽管薇薇安对传统服装有着很深切的回望和尊敬，但在她建构的审美体系中，维多利亚式层层堆叠的服饰是对女性的束缚，是对女性曲线美的遮掩。19世纪后半个50年里，以巴黎为首的欧洲社会时尚业繁荣发展，然而结合当时的女性形象及她们的生活状态来看，这种时尚的富饶是通过将女性作为一种展示陈列品而实现的。当时的女性生活必须遵循严格的时间表，她们需要在不同时间穿着不同的服饰出席不同场合，而一天下来，这些女性差不多要换七八次衣服。维多利亚时期的社会有着严格的阶层和制度限制，女性在什么场合穿什么衣服、这些衣服又要如何穿着，这些问题看似包裹在时尚繁荣的外表之下，实则都笼罩在严格的社会标准中。薇薇安的“迷你衬裙”系列正是通过冒进的剪裁打破了对女性衬裙的标准，并引领了稍后的“内衣外穿”风潮。

图 11　穿迷你衬裙的萨拉 · 斯托克布里奇

这是“塞西拉岛之旅”系列中一件非常具有代表性的作品：天鹅绒束腰与无花果叶紧身裤。与此相关的一系列设计还包括“无花果马裤”。对于不了解人类内衣发展史的人来说，这套作品似乎有些无厘头，但实际上，这一系列从“哈里斯粗花呢”开始的关于束胸衣的尝试之所以奠定了薇薇安设计语库中内衣外穿风格的基础，其中很重要的一部分重要性就体现在“无花果”系列作品所代表的设计理念上。《圣经》中记载，亚当和夏娃在偷食禁果后产生了羞耻心，突然发觉自己赤身裸体，于是随手扯过身边的无花果树叶遮挡住了关键部位。这一主题在后世油画作品中的表现不胜枚举，其中最有名的画作就包括丢勒和提香分别在1507年和1550年所作的《亚当和夏娃》。因此，在西方文化中，无花果叶不仅是内衣的鼻祖，更是人类的第一件衣服。“无花果紧身裤”的惊艳之处，不仅在于将代表内衣的无花果树叶形态直接外穿，更在于它号召女性丢弃裙子，穿着近乎裸体的肉色紧身裤，一边展示着代表自己女性美的腰臀曲线，一边将自己塑造成一个无性别的大英雄。展示这套服装的模特萨拉 · 斯托克布里奇是薇薇安十分偏爱的模特之一，薇薇安曾短暂组建的乐队“选择”（Choice）的主唱也是这位耀眼的模特。这件束腰诞生后被取名为“自由女神紧塑腰”，正如同这个名字一样，照片中的萨拉看上去就是女神本人。这种多材质混搭拼接的束腰动用了体现传统的暗色天鹅绒和富于情色的金属色绸缎，这两种面料在缝制过程中都比较难以驾驭，但为了营造出那种含混着理性的性感效果，薇薇安还是这么做了。有一个细节可以说明这种拼接工艺的难度：在之后的20世纪90年代，薇薇安将这种束身衣的制作列为进入其工作室的入职测试之一。

20世纪70年代，薇薇安采用拼接工艺制作了大量定制T恤和单品服饰，图12这件T恤上除了装饰有金属链条、乳头拉链及卷边袖口这些典型的朋克风格元素外，装饰的字母和其他小图案全部用瓶盖残片制成，以拼接设计工艺粘在T恤上。而这件T恤也标志着朋克风格成为一种时尚潮流而正式产生。此外，薇薇安还采用塑料制成T恤的口袋，这种口袋不仅可以作为装饰，也具备将卷烟卡插入其中的实用功能；进一步地，稍后称为朋克风格中经典元素的铆钉和链条，以及薇薇安在朋克风格中大量运用以塑造恋物癖风格的橡胶内胎，也都成为其T恤设计中拼接的基础元素。

图 12　拼接风格黑色无袖 T 恤

进入80年代，薇薇安在秀场款设计中将拼接工艺运用得更加纯熟了。此时，拼接风格不再仅限于粘贴，还延伸到不同材质的拼凑中。这种拼接工艺的扩大化在1987年的“哈里斯粗花呢”系列中体现得尤为明显。爱心夹克是拼接风格延伸为多材质拼凑的一个最经典的例子（图13）。这件夹克设计灵感来源于英国猎狐服及英女王禁卫军制服的颜色，事实上，其款式也深受这两款英国贵族经典制服的影响。在英格兰传统历史中，制服的剪裁向来以贴合身材的规整著称。薇薇安的设计继承了这种规整，但与此同时，为了凸显其设计中特有的朋克风格，她在此基础上做了一些改变以塑造灵动的效果从而打破制服一贯的僵硬呆板。具体的实现方式便是材质的拼接。在这款毛呢夹克领口正中的位置，薇薇安使用另一种质地更为蓬松的呢料，做出爱心的形状。而这个图形的选择也不是随意为之的，事实上它脱胎于英女王伊丽莎白一世的头饰，而与之相配的整体造型中，模特高耸的爱心型头饰（包括发型）则模仿了禁卫军佩戴的高帽。

图 13　爱心夹克
（1987 年）

在薇薇安眼里，时尚的走向是根据事实发展的。因此，她将自己的作品根植于英国传统剪裁技艺中，同时用自己对传统剪裁微小却激进的改变预料着时尚的走向。很显然，薇薇安明白剪裁对改变服装形态有着至关重要的作用，这种改变同时也是薇薇安对时尚潮流的改变。在薇薇安的设计原则中，有些剪裁技艺的变革来自民族服装与老旧款式，如她早期设计的一件T恤就继承了传统希腊褒袍的剪裁技艺。西方古老的长袍中通常使用整块布的宽度，布料展开是一个完整的矩形，没有任何浪费，非常实用且具有历史意义。在此基础上，薇薇安做了些许改动，她让面料转个弯，再剪出两个洞作为放置袖子的位置（这种剪裁技艺在“朋克订制”系列的水槽形毛线开衫中也有所运用）。这种剪裁方式可以充分保证服装的容量，为了大批量生产，设计有时必须尽量保持简单（图14、图15）。

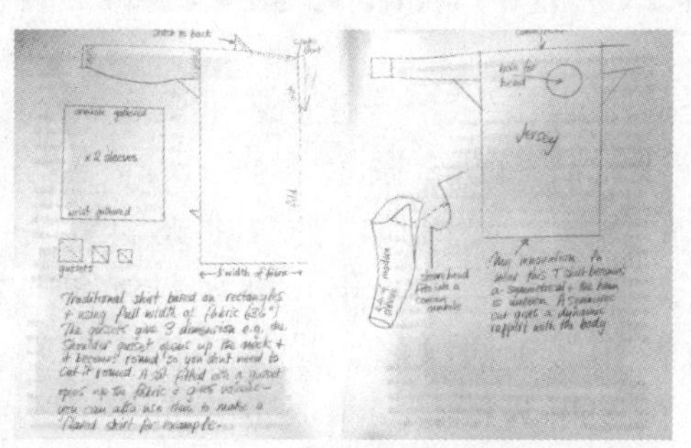

图 14　充分展示薇薇安剪裁技巧的手稿

非对称剪裁的衣服，在今天的眼光看来十分普遍，但如果你喜欢这种设计，请一定要记住：是薇薇安 · 威斯特伍德，让不对称款式走上了T台。她热爱这种非对称的剪裁，从某种程度上说，也印证了其在剪裁方面的勇于改变。严格来说，薇薇安并不是在时尚领域开创非对称剪裁方式的唯一先驱，几乎与其同时期活跃在时尚舞台的另一位日本设计师山本耀司（Yohji Yamamoto），充分利用自己的东方背景，借鉴日本传统和服的剪裁技艺，摆脱西方立体式剪裁的桎梏，同样在时尚圈中以剪裁大胆著称，形成了独属于自己的反时尚风格。如此说来，薇薇安这个纯粹彻底的英国女人也能完美驾驭具有东方神秘主义的非对称剪裁，就显得十分难得了。

图15 “朋克订制”系列（1983年）

在薇薇安的服装设计剪裁中，确有相当大一部分深受日本和服的影响，但与山本耀司不同，后者通过非对称的领口和下摆营造出的通常是充满堆叠和垂坠感的暗黑美学，而薇薇安想要创造的风格却完全不是这样（这或许与两位设计师理解“黑暗”的不同方式有关，山本更倾向于黑暗中的神秘特质，而薇薇安对待黑暗的态度则更趋近色情与死亡）。不论如何，薇薇安运用非对称剪裁的方式都更侧重塑造随性本真的质感，比起山本的层叠式非对称来说，薇薇安显然更喜欢非对称中裸露的一面。也就是说，她不依靠堆叠布料剪裁出非对称的形态，相反，她更习惯于用裁掉一边的方式实现非对称。这或许是东西方美学的本质不同，东方美学始终无法摆脱神秘主义，因而在山本的非对称设计中，不对称的那些部分是“多出来的”；西方美学强调人性的回归与袒露，因此在薇薇安的非对称剪裁中，不对称的部分便是“缺少了的”。

1983年的“朋克订制”系列中，薇薇安似乎延续着“水牛”中的模式感，做出了一系列最“不朋克”的“朋克订制”服装。但这个系列中对非对称剪裁的大规模使用不免使人想起70年代那个在瑟雷庭院制衣的薇薇安。没有人比她自己更清楚，曾经十年时光里为朋克们所做的一切最终积淀下来的是什么，她未曾说过，我们也不能擅自揣度。但至少从“朋克订制”系列中，似乎可以看到一些那段时光留下的琐碎印记，正是早年间属于朋克们的薇薇安做的那些满是破洞、被剪得乱七八糟的衣服，留在后来作为服装设计师的薇薇安的脑子里，凝成了某种不循常规的剪裁方式。世人称其为“非对称”，但薇薇安称其为“朋克”。

7　反叛不是终极目的：用时尚的力量改变世界

进入20世纪90年代，薇薇安的事业和生活一起迎来了里程碑式的分割。1992年，薇薇安获大英帝国勋章，次年，她嫁给了安德烈亚斯·科隆撒尔（Andreas Kronthaler），拥有了被苏格兰劳克卡隆博物馆认证的属于自己品牌的格纹，一切都以如日中天的势头推进。20世纪90年代末，“薇薇安·威斯特伍德”公司荣获女王出口勋章；2004年，维多利亚和阿尔伯特博物馆（以下简称V&A博物馆）为薇薇安举办了进入时尚界30周年回顾展。这个年份很微妙，因为薇薇安发布自己的第一个秀场系列是在1981年，但在V&A博物馆为薇薇安举办的展览中（图16），设计师踏入时尚界的时间被定格在1974年，而我们都知道，在这一年，薇薇安的店铺进入了“性”时期，她的T恤设计正开展得如火如荼，也是在这一年，她开始在店里贩卖更多独属于自己的服装设计作品。2006年薇薇安被授予女爵勋章，差不多同一时间，薇薇安开始关注环保事业，并于2010年发出道德时尚的倡议。此后，她开始在环保和慈善事业上投入越来越多的心血。这是时尚史上最独一无二的案例：一个从亚文化风格设计走出的设计师，成立了自己的品牌，之后以品牌之力打通了主流与非主流的界限，让时尚与政治真正变得相关，并且，她成为了一个完全融入主流文化的公众人物，同时也完全没有背弃时尚。

图 16 “气候革命”系列横幅及“气候三斗士”T 恤（2013 年）

就在笼罩着环保主义和慈善光辉的“热带雨林”系列中（图17），薇薇安标志性的拉扯或不对称的剪裁方式、层叠的皱褶、打破性别的裤子、还有那经久不衰的厚底鞋，这些早已为人所熟知的独属于薇薇安·威斯特伍德的风格通过亚马孙土著部落和秘鲁部落独具特色的民族元素重新焕发生机。薇薇安将这一切概括为一个新的概念——伦理时尚。她在用自己的实际行动证明，朋克是一种臣服于道德的态度，他们也许永远无法向世人解释清楚自己的行为，但重要的是，他们可以做出许多对这个地球有益的事情。而作为服装设计师和老朋克，薇薇安能为这个星球做的，是利用自己在时尚领域的影响力让更多的人投身环保事业之中。

图 17 “拯救雨林”秋冬系列（2014 年）

参考文献

[1] 斯图尔特·霍尔，托尼，杰斐逊.通过仪式抵抗：战后英国的青年亚文化 [M].孟登迎，胡疆锋，王蕙，译.北京:中国青年出版社，2015.

[2] 托马斯·弗兰克.酷的征服：商业文化、反主流文化与嬉皮消费主义的兴起 [M].南京:南京大学出版社,2007.

[3] 彭妮·斯帕克.设计与文化导论 [M]. 南京:译林出版社，2012.

[4] 保罗·弗里德兰德.摇滚：一部社会史 [M]. 南京:江苏人民出版社，2013.

[5] 薇薇安·威斯特伍德，伊恩·凯利.西太后：薇薇安·威斯特伍德[M].倪玲玲，译.武汉:长江文艺出版社，2016.

[6] 张铁志.声音与愤怒:摇滚乐可能改变世界吗？ [M]. 桂林:广西师范大学出版社，2011.

[7] 张铁志.时代的噪音：从迪伦到U2的抵抗之声 [M]. 桂林:广西师范大学出版社，2010.

[8] Penny S.As Long As It’s Pink [M]. D.A.P/Distributed Art Publishers，2010.

[9] Jon S.England' s Dreaming: Sex Pistols and Punk Rock [M]. Faber&Faber, 1991.
[10] Joger S.Punk Rock: So What? [M]. Routledge, 1999.
[11] Valerie M, Amy D L H.Fashion Since 1900 (World of Art) [M]. Thames & Hudson Ltd, 2010.
[12] Danielj C, Nancyd.The History of Modern Fashion [M]. Laurence King Publishing, 2015.
[13] Françoisb.A History of Costume in the Wes t [M]. Thames &Hudson Ltd, 1987.
[14] Vivienne W, Ian K.Vivienne Westwood [M]. Picador;Reprints, 2014.
[15] Claire W.Vivienne Westwood (illustrated book) [M]. V & A Publications, 2004.
[16] Matteog.Vivienne Westwood: Fashion Unfolds [M]. Moleskine Books, 2015.
[17] Luca B, Matteo G.Vivienne Westwood: Shoes [M]. Damiani Editore, 2006.
[18] Terry J.Fashion: Vivienne Westwood [M]. Taschen GmbH; Mul, 2012.